2019 年江苏高校一流专业（电子信息工程，No.289）建设
2019 年无锡市信息技术（物联网）扶持资金（第三批）扶持项目即高等院校
南京信息工程大学滨江学院教学研究与改革项目（JGZDA2
南京信息工程大学教材建设基金
2020 年无锡信息产业（集成电路）扶持资金（高等院校集成电路专业新设奖励）项目
资 助 出 版

电子电气信息类专业系列教材

>>>>　　　　　　郭业才　编著

电路分析仿真与实验教程

江苏大学出版社
JIANGSU UNIVERSITY PRESS
镇 江

>>>>

图书在版编目(CIP)数据

电路分析仿真与实验教程 / 郭业才编著. — 镇江：
江苏大学出版社，2020.8
ISBN 978-7-5684-1380-0

Ⅰ. ①电… Ⅱ. ①郭… Ⅲ. ①电路分析－计算机仿真
－实验－教材 Ⅳ. ①TM133－33

中国版本图书馆 CIP 数据核字(2020)第 124426 号

电路分析仿真与实验教程
Dianlu Fenxi Fangzhen yu Shiyan Jiaocheng

编　　著/郭业才
责任编辑/郑晨晖
出版发行/江苏大学出版社
地　　址/江苏省镇江市梦溪园巷 30 号(邮编：212003)
电　　话/0511-84446464(传真)
网　　址/http://press.ujs.edu.cn
排　　版/镇江市江东印刷有限责任公司
印　　刷/江苏凤凰数码印务有限公司
开　　本/787 mm×1 092 mm　1/16
印　　张/18.5
字　　数/450 千字
版　　次/2020 年 8 月第 1 版　2020 年 8 月第 1 次印刷
书　　号/ISBN 978-7-5684-1380-0
定　　价/48.00 元

如有印装质量问题请与本社营销部联系(电话:0511-84440882)

前　言

本书是参照教育部高等学校教学指导委员会编写的《普通高等学校本科专业类教学质量国家标准(高等教育出版社,2018)》,结合目前电路分析基础课程教学的基本要求而编写的。

本书是"电路"课程的实验教材,旨在让学生将已有的电路理论与实践有机结合,巩固已学知识,逐步培养和提高学生独立分析和解决问题的能力,为进一步学习专业知识、拓宽专业领域、运用新技术,打下良好的基础。

本书共 8 章:第 1 章为电子测量基础;第 2 章为无源器件;第 3 章至第 6 章为 Multisim14 安装与使用,包括元器件库、仪器仪表库、创建电路原理图等内容;第 7 章为电路分析实验仿真;第 8 章为电工技术实验。

在培养德智体美劳全面发展的社会主义建设者和接班人这一总目标指导下,本书将实验教学内容贯穿于训练学生的基本技能与培养学生工程能力、综合能力和创新能力的整个过程中。因此,本书具有以下特点:

1. 体现了先进性与实用性的统一。实验仿真所用软件为最新的 Multisim14 软件,该软件功能强大,可让学生接触和学习到最先进的技术。由该软件设计和仿真成功的电路可以直接在产品中使用,增强了实用性。

2. 体现了完整性和独立性的协调。实验内容完整,通过实验项目训练学生的仿真能力,培养学生分析问题、解决问题的能力,激发学生的创新思维。实验过程完整,每个实验都进行了 Multisim14 软件仿真,从元器件调取到连接成电路的过程是完整的;从仿真开始到每个仿真结果及现象分析过程是完整的。仿真实验与仪器实验过程是各自完整又相互独立的,从每个项目的仿真结果可以分析判断相同参数下同一个项目仪器实验结果的正确性。

3. 体现了研究性与参考性的融合。全部实验是研究性的,并且每个实验都有多种不同方法,既可直接用于仿真实验,也可作为真实实验的操作参考,有很强的延伸性。

4. 体现了预习与实验的有机衔接。所有实验的 Multisim14 软件仿真,都可以在课外预操作,学生可以将课外实验仿真报告提交给实验教师阅读审核后,再进行课内实验,从而提高课内实验的效果。

5. 体现了层次性和选择性的兼顾。实验内容层次分明,难度逐渐提升。实验内容丰富,实验项目较多,适应面宽,针对性强,便于合理取舍,因需选择。每个实验项目都有可选择的空间,能满足不同层次的需求。

　　本书在编写过程中,刘程、姚文强、许雪、尤俣良等研究生对每个实验项目的 Multi-sim14 仿真过程进行了逐一测试;本书的出版得到了 2019 年江苏高校一流专业(电子信息工程,No. 289)建设项目、2019 年无锡市信息技术(物联网)扶持资金(第三批)扶持项目即高等院校物联网专业新设奖励项目、南京信息工程大学滨江学院教学研究与改革项目(JGZDA201902)、南京信息工程大学教材建设基金、2020 年无锡信息产业(集成电路)扶持资金(高等院校集成电路专业新设奖励)项目及江苏大学出版社的大力支持。在此表示衷心感谢!

　　由于作者水平有限,书中难免会有一些不足之处,恳请读者提出宝贵意见。

编　者

2020 年 5 月

目　录

第 1 章

电子测量基础

教学提示

本章主要内容包括电子测量的内容、特点与方法,测量误差来源及分析方法,电子测量仪器的使用方法和电路接地方法。

教学要求

了解电子测量的内容,掌握电子测量的方法,理解测量误差及相关概念,掌握电子测量仪器的使用方法和电路接地方法。

教学方法

以课程讲授为主,并在教学中进行示范。

1.1 电子测量的内容与特点

现代信息技术的三大支柱是指信息获取(测量技术)、信息传输(通信技术)和信息处理(计算机技术)。这三大技术中,信息获取(测量)是首要的,是信息的源头。电子测量泛指以电子技术为手段进行的测量,即以电子技术理论为依据,以电子测量仪器和设备(电压表、示波器、信号发生器、特性图示仪等)为工具,对电量和非电量进行测量。狭义上讲,电子测量是指对电子学领域内各种电学参数的测量,如用数字万用表测量电压、用频谱分析仪监测卫星信号等。

电子测量是测量学的一个重要分支,是测量技术中最先进的技术之一。

目前,电子测量不仅因为其应用广泛而成为现代科学技术中不可缺少的手段,同时也是一门发展迅速、对现代科学技术的发展起着重大推动作用的独立科学。科学的进步和发展离不开测量,而新的科学理论往往又会形成新的测量方法和手段,推进测量技术的发展,促使新型测量仪器的诞生。例如,随着电子测量仪器与通信技术、总线技术、计算机技术的结合,出现了"智能仪器""虚拟仪器""自动测试系统"等,丰富了测量的概念和发展方向。

1.1.1　电子测量的内容

测量是为了确定被测对象的量值而进行的实验过程,也是人类对客观事物取得数量概念的认识过程。电子测量的主要内容有基本电量的测量,电路、元器件参数的测量与特性曲线的显示,电信号特性的测量及电子设备性能指标的测量等。

(1)基本电量的测量

基本电量主要包括电压、电流、功率等。在此基础上,电子测量的内容可以扩展至其他量的测量,如阻抗、频率、时间、位移、电场强度、磁场等。

(2)电路、元器件参数的测量与特性曲线的显示

① 电子电路整机的特性测量与特性曲线显示(伏安特性、频率特性等);

② 电气设备常用各种元器件(电阻、电感、电容、晶体管、集成电路等)的参数测量与特性曲线显示。

(3)电信号特性的测量

电信号特性的测量主要有频率、波形、周期、时间、相位、谐波失真度、调幅度及脉冲参数等。

(4)电子设备性能指标的测量

各种电子设备的性能指标测量主要包括灵敏度、增益、带宽、信噪比、通频带等。

另外,通过各类传感器,可将很多非电量(如温度、压力、流量、位移、加速度等)转换成电信号后再进行测量。

1.1.2　电子测量的特点

与其他测量相比,电子测量具有以下几个突出优点:

(1)测量频率范围宽

电子测量既可以测量直流电量,又可以测量交流电量,其频率范围可以覆盖整个电磁频谱,达 $10^{-6} \sim 10^{12}$ Hz。

 注　意

对于不同的频率,即使是测量同一种电量,所需采用的测量方法和使用的测量仪器也有所不同。

(2)仪器量程范围宽

量程是指各种仪器所能测量的参数的范围,电子测量仪器具有相当宽广的量程。

（3）测量准确度高

电子测量的准确度要比其他方法高得多，特别是对于频率和时间的测量，可使测量准确度达 $10^{-14} \sim 10^{-13}$ 量级。由于电子测量的准确度高，因而其在现代科学技术领域得到广泛应用。

（4）测量速度快

电子测量是通过电磁波的传播和电子运动来进行的，因而可以实现测量过程的高速度。这是其他测量方式所无法比拟的。

只有测量速度快，才能测出快速变化的物理量，这对于现代科学技术的发展具有特别重要的意义。

（5）易于实现遥测

电子测量可以通过电磁波进行传递，很容易实现遥测、遥控。例如，可以通过各种类型的传感器，采用有线或无线方式进行远程遥测。

（6）易于实现测量自动化和测量仪器微机化

由于大规模集成电路和微型计算机的应用，使得电子测量出现了新的发展方向。例如，在测量中能实现程控、自动量程转换、自动校准、自动故障诊断、自动修复，对测量结果可以实现自动记录、自动数据运算、分析和处理。

1.2　电子测量的方法

为了获得测量结果所采用的各种手段和方式，被称为测量方法。

电子测量方法的分类形式有多种，这里仅讨论最常用的分类方法。

1.2.1　按测量方式分类

（1）直接测量

直接测量是指直接从电子仪器或仪表上读出测量结果的方法。例如，用电压表测量电路两端点之间的电压；用通用电子计数器测量频率等。

直接测量的特点：测量过程简单、迅速，应用广泛。

（2）间接测量

间接测量是指对一个与被测量有确定函数关系的物理量进行直接测量，再将测量结果代入表示该函数关系的公式、曲线或表格，求出被测量值的方法。

例如，若测量已知电阻 R 上消耗的功率，则须先测量加在 R 两端的电压 U，然后根据公式 $P = \dfrac{U^2}{R}$，便可求出功率 P 的值。

间接测量的特点：多用于科学实验，在生产及工程技术中应用较少，只有当被测量不便于直接测量时才采用。

（3）组合测量

组合测量是指在某些测量中,被测量与几个未知量有关,测量一次无法得出完整的结果,则可改变测量条件进行多次测量,然后按照被测量与未知量之间的函数关系组成联立方程,通过求解得出有关未知量,它兼用了直接测量和间接测量两种方法。

一个典型的例子是电阻器温度系数的测量。已知电阻器阻值 R_t 与温度 t 的关系为

$$R_t = R_{20} + \alpha(t - 20) + \beta(t - 20)^2 \qquad (1.2.1)$$

式中, R_{20} 为 $t = 20 \ ℃$ 时的电阻值,一般为已知量。只需在两个不同温度 t_1 、t_2 下测出相应的阻值 R_{t1} 、R_{t2} ,即可通过解联立方程

$$\begin{cases} R_{t1} = R_{20} + \alpha(t_1 - 20) + \beta(t_1 - 20)^2 \\ R_{t2} = R_{20} + \alpha(t_2 - 20) + \beta(t_2 - 20)^2 \end{cases} \qquad (1.2.2)$$

得到温度系数 α 、β 的值。

组合测量的特点:一种特殊的精密测量方法,适用于科学实验及一些特殊场合。

1.2.2　按被测信号性质分类

（1）时域测量（又称瞬态测量）

时域测量是指测量被测对象在不同时间点上的特性,这时,被测信号是关于时间的函数。例如,可用示波器测量被测信号（电压值）的瞬时波形,显示它的幅度、宽度、上升和下降沿等参数。

另外,时域测量还包括对一些周期信号的稳态参数的测量。例如,正弦交流电压,虽然其瞬时值随着时间变化,但其振幅和有效值则是稳态值,也可以用时域测量方法对其进行测量。

（2）频域测量（又称稳态测量）

频域测量是指测量被测对象在不同频率点上的特性,这时,被测信号是关于频率的函数。例如,可用频谱分析仪对电路中产生的新的电压分量进行测量,可产生幅频特性曲线、相频特性曲线等。

（3）数据域测量（又称逻辑测量）

数据域测量是指对数字系统的逻辑特性进行的测量。

利用逻辑分析仪能够分析离散信号组成的数据流,可以观察多个输入通道的并行数据,也可以观察一个通道的串行数据。

（4）随机测量（又称统计测量）

随机测量是指利用噪声信号源进行的动态测量。

电子测量还有许多分类方法,如动态与静态测量技术、模拟和数字测量技术、实时与非实时测量技术、有源与无源测量技术等。

1.2.3　电压测量

1.2.3.1　电压测量的重要性和特点

电压测量是电子测量中最基本的内容,主要原因是:① 各种电路工作状态(如饱和、截止等)通常都以电压的形式反映出来;② 许多电参数(如增益、频率特性、电流、功率、调幅度等)都可视为电压的派生量;③ 在非电量测量中,各种传感器将非电参数转为电压参数进行测量;④ 不少测量仪器都通过电压来测量;⑤ 电压测量直接、方便,将电压表并接在被测电路上,只要电压表的输入阻抗足够大,就可以在几乎不影响电路工作状态的前提下获得满意的测量结果。电流测量就不具备上述优点。首先,在电流测量时,要将电流表串接在被测支路中,很不方便;其次,电流表的内阻会改变电路的工作状态,使测得值不能真实反映电路的原状态。可以说,电压的测量是许多电参数测量的基础,电压测量对调试电子电路来说是必不可少的。

电子测量中电压测量的特点如下:

① 频率范围宽。电子电路中,电压的频率可以从 0 Hz 到数百兆赫兹范围内变化。对于甚低频或高频范围的电压测量,一般使用万用表是不能胜任的。

② 电压范围广。电子电路中,电压由微伏到千伏以上高压变化。对于不同的电压挡级,必须采用不同的电压表进行测量。例如,用数字电压表可测出 10^{-9} V 数量级的电压。

③ 对非正弦量电压测量会产生测量误差。例如,用普通仪表测量非正弦电压,将造成测量误差。

④ 测量仪器的输入阻抗要高。由于电子电路一般为高阻抗电路,为了使仪器对被测电路的影响减至足够小,要求测量仪器有较高的输入阻抗。

⑤ 存在干扰。电压测量易受外界干扰。当信号电压较小时,干扰往往成为影响测量精度的主要因素。因此,高灵敏度电压表必须有较高的抗干扰能力。测量时,也必须采取一定的措施(如正确的连接方式、必要的电磁屏蔽等),以减少干扰。

此外,测量电压时,还应考虑输入电容的影响。

如果测量精度要求不高,用示波器常常可以解决。如果测量精度要求较高,则要全面考虑,选择合适的测量方法,并合理选择测量仪器。

1.2.3.2　交流电压测量

按工作原理分类,指针式交流电压表可分为检波放大式、放大检波式和外差式三种类型。如果使用的是放大检波式的交流电压表,被测量电压经放大后送至全波检波器,通过电流表的平均电流 I_{au} 正比于被测电压 U 的平均值 U_{au}。由于正弦波应用广泛,且有效值具有实用意义,因而交流电压表通常都按正弦波有效值刻度。

常用晶体管毫伏表的检波器虽然呈平均值响应,但其面板指示仍以正弦电压有效值刻度。

为了便于讨论由于波形不同所产生的误差,先定义波形因数

$$K_F = \frac{有效值}{平均值} = \frac{U_{ms}}{U_{au}} \qquad (1.2.3)$$

正弦波的 $K_F \approx 1.11$(即电压表读数 $a = K_F U_{au} \approx 1.11 U_{au}$)。由此可知,用晶体管毫伏表测量非正弦波电压时,因各种波形电压的 K_F 值不同(见表1.2.1),将产生较大的波形误差(测量误差)。例如,用晶体管毫伏表分别测量方波和三角波电压时,若毫伏表均指示在 10 V 处,就不能简单地认为此方波、三角波的有效值就是 10 V,因为指示值 10 V 为正弦波有效值,其正弦波的平均值 $U_{au} \approx 0.9 \times 10 = 9$ V,此数值即为被测电压经整流后的平均值,代入波形因数定义式得:方波的有效值为 $1 \times 9 = 9$ V;三角波的有效值为 $1.15 \times 9 = 10.35$ V。另外,当测量放大器的动态范围 U_{opp} 时,由于波形已不是严格的正弦波,若用晶体管毫伏表读出有效值再乘以 $2\sqrt{2}$,得到放大器的动态范围 U_{opp} 值,显然有较大的波形误差,因此,通常是直接从示波器定量测出 U_{opp} 值。

表1.2.1　几种交流电压的波形参数

波形		峰值	有效值 U_{ms}	整流平均值 U_{au}	波形因数 $K_F = \dfrac{U_{ms}}{U_{au}}$	波峰因数 K_P
正弦波		U_m	$\dfrac{U_m}{\sqrt{2}} = 0.707U_m$	$\dfrac{2}{\pi}U_m$	$\dfrac{\sqrt{2}}{2}\pi = 1.11$	$\sqrt{2}$
全波整流后的正弦波		U_m	$\dfrac{U_m}{\sqrt{2}} = 0.707U_m$	$\dfrac{2}{\pi}U_m$	$\dfrac{\sqrt{2}}{2}\pi = 1.11$	$\sqrt{2}$
三角波		U_m	$\dfrac{U_m}{\sqrt{3}} = 0.577U_m$	$\dfrac{1}{2}U_m$	$\dfrac{2}{\sqrt{3}} = 1.15$	$\sqrt{3}$
锯齿波		U_m	$\dfrac{U_m}{\sqrt{3}} = 0.577U_m$	$\dfrac{1}{2}U_m$	$\dfrac{2}{\sqrt{3}} = 1.15$	$\sqrt{3}$
脉冲波		U_m	$\sqrt{\dfrac{t_p}{T}}U_m$	$\dfrac{t_p}{T}U_m$	$\dfrac{T}{t_p}$	$\dfrac{T}{t_p}$
方波		U_m	U_m	U_m	1	1

续表

波形		峰值	有效值 U_{ms}	整流平均值 U_{au}	波形因数 $K_F = \dfrac{U_{ms}}{U_{au}}$	波峰因数 K_P
梯形波		U_m	$\sqrt{1-\dfrac{4\varphi}{3\pi}}\,U_m$	$\left(1-\dfrac{\varphi}{\pi}\right)U_m$	$\dfrac{\sqrt{1-\dfrac{4\varphi}{3\pi}}}{1-\dfrac{\varphi}{\pi}}$	$\dfrac{1}{\sqrt{1-\dfrac{4\varphi}{3\pi}}}$
白噪声		U_m	$\approx\dfrac{1}{3}U_m$	$\dfrac{1}{3.75}U_m$	$\sqrt{\dfrac{\pi}{2}}\approx1.25$	3

使用交流电压表的注意事项如下：

① 频率范围要与被测电压的频率吻合。

② 要有较高的输入阻抗，这是因为测量仪器的输入阻抗是被测电路的负载之一，它会影响测量精度。

③ 需要正确测量失真的正弦波和脉冲波的有效值时，可选用真有效值电压表。

1.2.4　频率与相位差的测量

1.2.4.1　频率的测量

测量频率的方法很多，这里只介绍两种实验室最常用的方法。

（1）频率计测量法

采用数字频率计测量频率既简单又准确。测量时信号电压的大小要在频率计的测量范围内，否则会损坏频率计。若信号电压过小，则先放大后测量；若信号电压过大，则先衰减后测量，否则测量值不准确或不显示。

（2）示波器法

频率也可通过示波器来测量，通常采用的方法是测周期法和李沙育图形法。

测周期法就是通过示波器测得信号的周期 T，利用频率与周期的倒数关系 $f=1/T$，求得所测频率。这种方法简单方便，但精度不高，一般只作估测用。

李沙育图形法的测试过程：示波器在 $X-Y$ 工作模式下，Y 轴接入被测信号，X 轴接入已知频率的信号，缓慢调节已知信号的频率，当两个信号频率呈整数倍关系时，示波器就会显示稳定的李沙育图形，根据图形形状和 X 轴输入的已知频率 f_X，可求得被测信号频率为

$$f_Y = \frac{m}{n}f_X \qquad (1.2.4)$$

式中，m 为 X 轴向不经过图形中交点的直线与图形曲线的交点数；n 为 Y 轴向不经过图形中交点的直线与图形曲线的交点数。表 1.2.2 给出了正弦信号的几种李萨育图形。

表 1.2.2　不同频率比和相位差的李萨育图形

$\dfrac{f_Y}{f_X}$	φ				
	0°	45°	90°	135°	180°
1:1			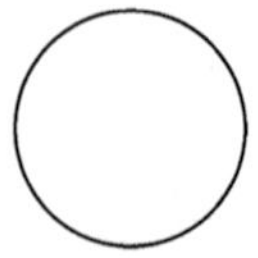	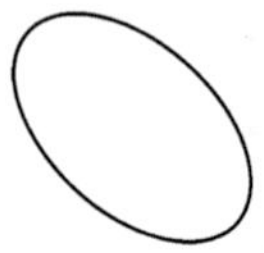	
2:1	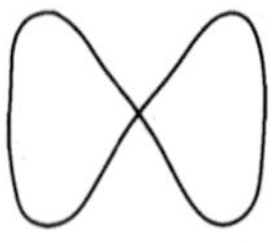	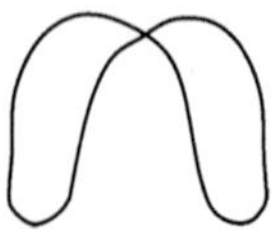		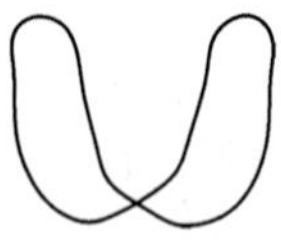	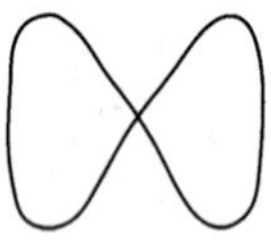
3:1		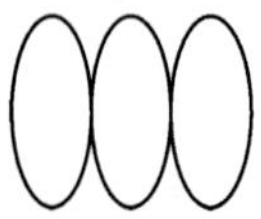		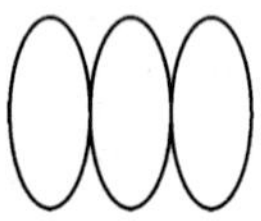	
3:2	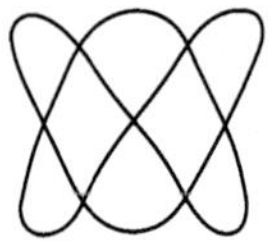	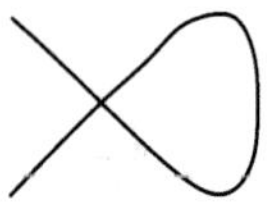	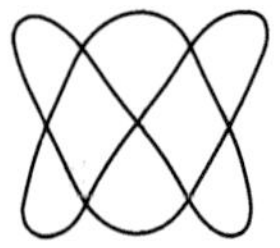	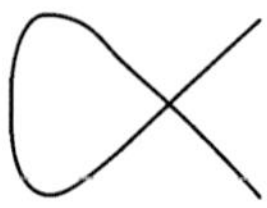	

李沙育图形法测量准确度高,但需要准确度比测量精度要求更高的信号源。

1.2.4.2　相位差的测量

相位差的测量方法也有很多种,用数字相位计测量既简单又准确,但在实验教学中一般采用示波器进行测量。

（1）直接测量法

如图 1.2.1a 所示,测出信号周期对应的距离 X_T 和相位差对应的距离 X,则两信号的相位差为

$$\varphi = \frac{X}{X_T} \times 360° \qquad (1.2.5)$$

（2）椭圆截距法

将两个被测信号分别接入 X 通道和 Y 通道(示波器在 $X-Y$ 工作模式下),这时示波器显示一个椭圆或一条直线。若显示直线,则说明两信号的相位差为 0 (直线与 X 轴正向夹角小于 90°)或 180° (直线与 X 轴正向夹角大于 90°);若显示椭圆,如图 1.2.1 所示,则两信号的相位差为

$$\varphi = \arcsin \frac{b}{a} \qquad (1.2.6)$$

测量时,如果 a、b 较小,无法直接准确测出,为减小测量的误差,可按 $2a$、$2b$ 测量与计算。

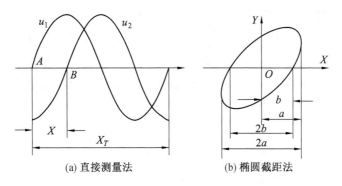

(a) 直接测量法　　　　(b) 椭圆截距法

图 1. 2. 1　相位差的测量

1.3　测量误差的定义及表示方法

1.3.1　测量误差的定义

测量是以确定被测对象量值为目的的全部操作。在一定的时间和空间环境中,被测量本身具有的真实数值(真值)是一个理想的概念。但由于对客观规律认识的局限性、计量器具不准确、测量手段不完善、测量条件发生变化及测量工作中的错误等原因,会导致测量结果与真值不同,这就会产生误差。

(1) 真值

所谓真值,是指在一定的时间和环境条件下,被测量本身所具有的真实数值。

 注　意

真值是一个理想概念,通常无法通过精确测量得到。

(2) 测量误差

所谓测量误差,是指由于测量设备、测量方法、测量环境和测量人员的素质等条件的限制,测量结果与被测量真值之间通常会存在一定的差异,这个差异就称为测量误差。

 注　意

测量误差过大,可能会使得测量结果变得毫无意义,甚至会造成危害。

(3) 约定真值

所谓约定真值,是指一个接近真值的值,它与真值之差可忽略不计。实际测量中,以在没有系统误差的情况下足够多次的测量值之平均值作为约定真值。

约定真值是对于给定目的具有适当不确定度的、赋予特定量的值,有时该值是约定采用的。实际上对于给定目的,并不需要获得特定量的真值,而只需要与该真值足够接近,即其不确定度满足需要的值。特定量的值就是约定真值,对于给定的目的可用它来代替真值。

 注 意

约定真值又称为实际值,通常用 A 表示。

研究测量误差的目的,就是了解误差产生的原因和规律,寻找减小测量误差的方法,从而使测量结果精确可靠。

1.3.2 测量误差的表示方法

测量误差有两种表示方法,即绝对误差和相对误差。

1.3.2.1 绝对误差

(1)定义

由测量所得到的被测量值 x 与其真值 A_0 之差,称为绝对误差,记作 Δx,即

$$\Delta x = x - A_0 \tag{1.3.1}$$

说明:由于测量结果 x 总含有误差,x 可能比 A_0 大,亦可能比 A_0 小,因此 Δx 既有大小,也有正负,其量纲和测量值的量纲相同。这里所说的被测量值是指测量仪器的示值。

 注 意

通常,测量仪器的示值和测量仪器的读数是有区别的。测量仪器的读数是指从测量仪器的刻度盘、显示器等读数装置上直接读到的数字;测量仪器的示值是指该被测量的测量结果,包括数量值和量纲,通常由测量仪器的读数经过换算而得到。

式(1.3.1)中,A_0 表示真值,而实际测量时无法得到 A_0,所以通常用实际值 A 来代替真值 A_0,因而式(1.3.1)可改写为

$$\Delta x = x - A \tag{1.3.2}$$

(2)修正值

修正值是指与绝对误差的绝对值大小相等,但符号相反的量值,用 C 表示,即

$$C = -\Delta x = A - x \tag{1.3.3}$$

定期对测量仪器进行检定时,用标准仪器与受检仪器相比对,可以以表格、曲线或公式的形式给出受检仪器的修正值。

在日常测量中,受检仪器测量所得到的结果应加上修正值,以求得被测量的实际

值,即

$$A = x + C \tag{1.3.4}$$

说明:① 利用修正值可以减小误差的影响,使测量值更接近真值;② 实际应用中,应定期将测量仪器送检,以便得到正确的修正值。

1.3.2.2 相对误差

绝对误差虽然可以说明测量结果偏离实际值的大小,但不能确切地反映测量准确程度,也不便看出误差对整个测量结果的影响。

(1) 实际相对误差

相对误差是指绝对误差与被测量的真值之比,用 γ 表示,即

$$\gamma = (\Delta x / A_0) \times 100\% \tag{1.3.5}$$

 注 意

相对误差没有量纲,只有大小及符号。

由于真值难以确切得到,通常用实际值 A 代替真值 A_0 来表示相对误差,称为实际相对误差,用 γ_A 表示,即

$$\gamma_A = (\Delta x / A) \times 100\% \tag{1.3.6}$$

(2) 示值相对误差

在误差较小,要求不是很严格的场合,也可用测量值 x 代替实际值 A,由此得到的相对误差称为示值相对误差,用 γ_x 表示,即

$$\gamma_x = (\Delta x / x) \times 100\% \tag{1.3.7}$$

说明:① 式(1.3.6)中的 Δx 由所用仪器的准确度等级确定;② 因为 x 中含有误差,所以 γ_x 只适用于近似测量;③ 当 Δx 很小时,$x \approx A$,有 $\gamma_A \approx \gamma_x$。

(3) 满度相对误差

用绝对误差与仪器满刻度值 x_m 之比来表示相对误差,称为引用相对误差或满度相对误差,用 γ_m 表示,即

$$\gamma_m = (\Delta x / x_m) \times 100\% \tag{1.3.8}$$

测量仪器使用最大引用相对误差来表示它的准确度,这时有

$$\gamma_{mm} = (\Delta x_m / x_m) \times 100\% \tag{1.3.9}$$

式(1.3.8)中,Δx_m 表示仪器在该量程范围内出现的最大绝对误差;x_m 表示仪器的满刻度值;γ_{mm} 表示仪器在工作条件下不应超过的最大引用相对误差,它反映了该仪器的综合误差大小。

1.4 电子测量仪器的正确使用

1.4.1 基本测量仪器

电子测量仪器按其功能,基本可分为下列几类:

(1)用于电量测量的仪器

这类仪器用于测量电流、电压、电功率、电荷强度等。例如,电流表、电压表、毫伏表、功率表、电能表、电荷统计表、万用表等。

(2)用于元件参数测量的仪器

这类仪器用于测量电阻、电感、电容、阻抗、品质因素、损耗角、电子器件参数等。例如,微欧表、阻抗表、电容表、LCR 测试仪、Q 表、晶体管式集成电路测试仪、图示仪等。

(3)用于仪表波形测量的仪器

这类仪器用于测量频率、周期、相位、失真度、调幅、调频、谐波等。例如,频率计、石英钟、相位计、波长计、各类示波器、失真分析仪、音频分析仪、谐波分析仪、频谱分析仪等。

(4)用于电子产品、电子设备及模拟电路和数字电路性能测试的仪器

这类仪器用于测量产品或设备的漏电流特性、耐压特性、频率特性、增益、增减量、灵敏度、噪声系数、相位特性、电磁干扰特性等。例如,漏电流测试仪、耐压测试仪、扫频仪、噪声系数测试仪、网络分析仪、逻辑分析仪、相位特性测试仪、EMC 测试仪等。

1.4.2 仪器仪表的使用环境

通常仪器仪表的使用环境如下:

① 温度:(20 ± 5) ℃;

② 相对湿度:40% ~70%;

③ 电源电压:波动小于10%(精密仪器仪表的电源电压波动小于5%);

④ 其他环境:通风。

1.4.3 仪器仪表的防漏电措施

电子仪器在使用过程中应防止仪器漏电。由于电子仪器大都采用市电供电,因而防漏电是关系到安全使用的重要措施。特别是对于采用双蕊电源插头,而机壳又没有接地措施的电子仪器,如果仪器内部电源变压器的初级绕组与机壳之间严重漏电,机壳与地面间就可能会有相当大的交流电压(100 ~200 V),这样,人手碰到仪器外壳时,就会产生麻电感,甚至会发生触电事故。对此,应对仪器进行漏电程度检查。检查方法如下:

① 在仪器不通电的情况下,把电源开关扳到"通"位置,用兆欧表检查仪器电源插头

（火线）对机壳的绝缘是否符合要求,一般规定,电气用具的最小允许绝缘电阻不得低于 500 kΩ,否则应禁止使用,进行检修。

② 没有兆欧表时,在预先采取防电措施的条件下,将仪器接通交流电源,然后用万用表 250 V 交流电压挡进行漏电检查,具体做法是将万用表的一个表笔接到被测仪器的机壳或"地"线接线柱点,另一表笔分别接到双孔电源插座孔内,若两次测量结果无电压指示或指示电压很小,则表示无漏电现象;如果有一次表笔接到火线端,电压指示值大于 50 V,则表明被测仪器漏电程度超过允许安全值,应禁止使用,并进行检修。

应当指出,由于仪器内部电源变压器的静电感应作用,有的电子仪器的机壳对"地"线间会有相当大的交流感应电压,某些电子仪器的电源变压器初级采用了电容平衡式高频滤波电路,它的机壳与"地"线之间也会有 110 V 左右的交流电压,但上述机壳电压都没有负荷能力。如果使用内阻较小的低量程电压表测量,其电压值会下降到很小。

1.4.4　使用仪器的注意事项

使用仪器仪表时需要注意以下四项:

（1）仪器开机前注意事项

① 开机通电前,应检查仪器设备的工作电压与电源电压是否相符。

② 开机通电前,应检查仪器面板上各种开关、旋钮、接线柱、插孔等是否松动或滑位,如果存在这些现象应加以紧固或整位,以防因此牵断仪表内部连线,甚至造成断路、短路及接触不良等故障。

③ 开机通电前,应检查电子仪器的接"地"情况是否良好。这是关系到测量的稳定性、可靠性和人身安全的重要问题。

（2）仪器开机时注意事项

① 在开机通电时,应使仪器预热 5 ~ 10 min,待仪器稳定后再使用。

② 在开机通电时,应注意观察仪器的工作情况,即通过眼看、耳听、鼻闻检查是否存在异常现象。如果发现仪器内部有响声、臭味、冒烟等异常现象,应立即切断电源。在尚未查明原因之前,禁止再次开机通电,以免扩大故障。

③ 在开机通电时,如果发现仪器的保险丝烧断,应调换相同容量的保险丝。如果第二次开机通电保险丝又烧断,应立即检查,不应再调换保险丝进行第三次通电,更不能随便加大保险丝的容量,否则会导致仪器内部故障扩大,甚至烧坏电源变压器或其他元件。

④ 对于内部有通风设备的电子仪器,在开机通电后,应注意仪器内部电风扇是否运转正常。如果发现电风扇有碰片声或旋转缓慢,甚至停转,应立即切断电源进行检修,否则通电时间久了,会使仪器工作温度过高,烧坏电风扇和其他电路器件。

（3）仪器使用中注意事项

① 仪器在使用过程中,对于面板上各种旋钮、开关的作用及正确的使用方法必须予以了解。对旋钮、开关的扳动和调节动作,应缓慢稳妥,不可猛扳猛转。当遇到旋钮转动

困难时,不能硬扳硬转,以免造成松动、滑位、断裂等故障。此时,应切断电源进行检修。对于输出、输入电缆的插接或取离应握住套管,不应直接拉扯电缆线,以免拉断内部导线。

② 对于耗电功率较大的电子仪器,在切断电源后,不能立即再次开机使用,一般应待仪器冷却 5～10 min 后再开机。否则,可能会引起保险丝烧断。

③ 信号发生器的输出不应直接连到直流电压电路上,以免电流注入仪器的低阻抗输入衰减器,烧坏衰减器电阻元件。必要时,应串联一个工作电压和容量适当的耦合电容器,再将信号引入测试电路。

④ 使用电子仪器进行测试工作时,应先连接"低电位"端(即地线),然后再连接"高电位"端。测试完毕,先拆除"高电位"端,后拆除"低电位"端。否则,会导致仪器过载,甚至损坏仪表指针。

(4) 仪器使用后注意事项

① 仪器使用完毕,应先切断电源,后取下电源插线。禁止只拔掉电源线而不关断仪器电源开关的不良做法;也反对只关断仪器电源开关而不拔掉电源线的做法。

② 仪器使用完毕,应将使用过程中暂时取离或替换的零附件(如接线柱、插件等)整理并复位,以免散失或错配影响以后使用。必要时应将仪器加罩,以免沾积灰尘。

1.5　实验电路故障分析与排除

在电子电路的设计、安装与调试过程中,不可避免地会出现各种各样的故障现象,因此检查和排除故障是电子技术工程人员必备的技能。

1.5.1　故障分析

在实验实训过程中,电路故障不可避免。通过分析故障现象、解决故障问题,可以提高实践和动手能力。分析和排除故障的过程,就是从故障现象出发,通过反复测试,做出分析判断、逐步找出问题并解决的过程。首先分析原理图,把系统分成不同功能的电路模块,通过逐一测量找出故障所在区域,然后对故障模块区域内部加以测量并找出故障点,即从一个系统或模块的预期功能出发,通过实际测量,确定其功能的实现是否正常来判断是否存在故障,然后逐步深入,进而找出故障并加以排除。

如果原来正常运行的电子电路,使用一段时间后出现故障,其原因可能是元器件损坏,或连线发生短路,也可能是使用条件的变化影响了电子设备的正常运行。实验电路常见的故障原因为:

① 实际电路与设计的原理图不符。

② 元器件使用不当。

③ 设计的原理本身不满足要求。

④ 误操作等。

1.5.2　查找故障的方法

查找故障的通用方法是把合适的信号或某个模块的输出信号引到其他模块上,然后依次对各个模块进行测试,直到找到故障模块为止。查找的顺序可以从输入到输出,也可以从输出到输入。找到故障模块后,要对该模块产生故障的原因进行分析、检查。

查找模块内部故障的通用步骤如下:

① 检查用于测量的仪器是否使用得当。

② 检查安装的线路与原理是否一致,包括连线、元件的极性及参数、集成电路的安装位置是否正确等。

③ 测量元器件接线端的电源电压。使用接插板做实验出现故障时,应检查是否因接线端不良而导致元器件本身没有正常工作。

④ 断开故障模块输出端所接的负载,可以判断故障来自模块本身还是负载。

⑤ 检查元器件使用是否得当或已经损坏。在实践中,大量使用的是中规模集成电路,由于它的接线端比较多,使用时容易将接线端接错,从而造成故障。在电路中,由于元器件在安装前经过调试,因而损坏的可能性很小。如果怀疑某个元器件损坏,必须对它进行单独测试,并对已损坏的元器件进行更换。

⑥ 反馈回路的故障判断是比较困难的,因为它把输出信号的部分或全部以某种方式送到模块的输入端口,使系统形成一个闭环回路,在这个闭环回路中,只要有一个模块出故障,整个系统就都存在故障现象。查找故障时需要把反馈回路断开,接入一个合适的输入信号使系统成为一个开环系统,然后再逐一查找发生故障的模块及故障元器件等。

前面介绍的通用步骤对一般电子电路都适用,但它具有一定的盲目性,且效率低。对于自己设计的系统或非常熟悉的电路,可以采用观察判断法,通过仪器、仪表观察到结果,直接判断故障发生的原因和部位,从而准确、迅速地找到故障并加以排除。

在电路中,当某个元器件静态正常而动态有问题时,往往会认为这个元器件本身有问题,其实有时并非如此。遇到这种情况不要急于更换器件,首先应检查电路本身的负载能力及提供输入信号的信号源的负载能力。把输出端负载断开,检查电路是否工作正常,若电路空载时工作正常,说明电路负载能力差,需要调整电路。如断开负载电路后电路仍不能正常工作,则要检查输入信号波形是否符合要求。

由于诸多因素的影响,原来的理论设计可能要做部分修改,选择的元器件需要调整或改变参数,有时可能还要增加一些电路或元器件,以保证电路能稳定地工作。最后完成实际的总体电路,制作出符合设计要求的电子设备。

1.6 电路接地问题

"地"是电子技术中一个很重要的概念。"地"的分类与作用有多种,初学者往往容易混淆。这里就这个问题进行一些讨论。

1.6.1 地的分类与作用

1.6.1.1 安全接地

安全接地即将高压设备的外壳与大地连接。一是防止机壳上积累电荷,产生静电放电而危及设备和人身安全。例如,油罐车那根拖在地上的尾巴,都是为了使积聚在一起的电荷释放,防止出现事故;二是当设备因绝缘损坏而使机壳带电时,促使电源执行保护动作而切断电源,以保护工作人员的安全,如电冰箱、电饭煲的外壳;三是可以屏蔽设备巨大的电场,起到保护作用。如民用变压器的防护栏。如图 1.6.1 所示,图中 Z_1 是电路与机壳的阻抗。

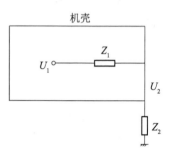

图 1.6.1 仪器外壳接地

若机壳未接地,机壳与大地之间就有很大的阻抗 Z_2,U_1 为仪器电路与地之间的电压,U_2 为机壳与大地之间的电压,有 $U_2 = Z_2 U_1 / (Z_1 + Z_2)$,因机壳与大地绝缘,故此时 U_2 较高。特别是 Z_1 很小或绝缘击穿时,$U_1 \approx U_2$,如果人体接触机壳,就有可能触电。如果将机壳接地,即 $Z_2 = 0$,则机壳上的电压为 0,可保证人身安全。实验室中的仪器采用的三眼插座即属于这种接地。这时,仪器外壳经插座上等腰三角形顶点的插孔与地线相连。

1.6.1.2 防雷接地

当电力电子设备遭遇雷击时,不论是直接雷击还是感应雷击,如果缺乏相应的保护,电力电子设备都将受到很大损害甚至报废。为防止雷击,一般在高处(例如,屋顶、烟囱顶部)设置避雷针与大地相连,以防雷击时危及设备和人员安全。

安全接地与防雷接地都是为了给电子电力设备或者人员提供安全的防护措施,以保护设备及人员的安全。

1.6.1.3 工作接地

工作接地,又称技术接地,是为电路正常工作而提供的一个基准电位。这个基准电位一般设定为 0。该基准电位可以设为电路系统中的某一点、某一段或某一块等。当该基准电位不与大地连接时,视为相对的零电位。但这种相对的零电位是不稳定的,它会随着外界电磁场的变化而变化,使系统的参数发生变化,从而导致电路系统工作不稳定。当该基准电位与大地连接时,基准电位视为大地的零电位,它不会随着外界电磁场的变化而变化。但是,不合理的工作接地反而会增加电路的干扰,如接地点不正确引起的干扰,电子设备的公共端没有正确连接产生的干扰等。

仪器设备中的电路都需要直流供电才能工作,而电路中所有各点的电位都是相对于参考零电位来度量的。通常将直流电源的某一极作为这个参考零电位点,也就是"公共端",它虽未与大地相连,也称作"接地点"。与此点相连的线就是"地线"。任何电路的电流都必须经过地线形成回路,应该使流经地线的各电路的电流互不影响。交流电源因三相负载难以平衡,中线两端有电位差,其上有中线电流流过,对低电平的信号会形成干扰。因此,为了有效抑制噪声和防止外界干扰,绝不能以中线作为信号的地线。

在电子测量中,通常要求将电子仪器的输入或输出线黑色端子与被测电路的公共端相连,这种接法也称为"接地",这样连接可以防止外界干扰,这是因为在交流电路中存在电磁感应现象。空间的各种电磁波经过各种途径窜扰到电子仪器的线路中,影响仪器的正常工作。为了避免这种干扰,仪器生产厂家将仪器的金属外壳与信号输入或输出线的黑色端子相连,这样,干扰信号被金属外壳短接到地,不会对测量系统产生影响。

如图 1.6.2 所示,用晶体管毫伏表测量信号发生器输出电压,因未接地或接地不良引入干扰。

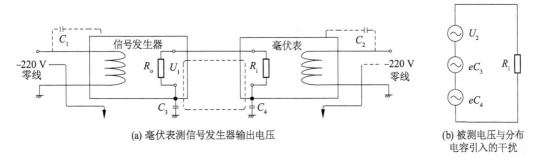

(a) 毫伏表测信号发生器输出电压　　　　　(b) 被测电压与分布
　　　　　　　　　　　　　　　　　　　电容引入的干扰

图 1.6.2　仪器接地不良引起干扰

在图 1.6.2 中,C_1、C_2 分别为信号发生器和晶体管毫伏表的电源变压器初级线圈对各自机壳(地线)的分布电容,C_3、C_4 分别为信号发生器和晶体管毫伏表的机壳对大地的分布电容。由于图中晶体管毫伏表和信号发生器的地线没有相连,因此实际到达晶体管毫伏表输入端的电压为被测电压 U_2 与分布电容 C_3、C_4 所引入的 50 Hz 干扰电压 eC_3、eC_4 之和(如图 1.6.2 b 所示)。因晶体管毫伏表的输入阻抗很高(兆欧级),故加到它两端的总电压可能很大而使毫伏表过载,表现为在小量程挡表头指针超量程打表。

如果将图 1.6.2 中的晶体管毫伏表改为示波器,则会在示波器的荧光屏上看到如图 1.6.3 a 所示的电压干扰波形,将示波器的灵敏度降低可观察到如图 1.6.3 b 所示的一个低频信号叠加一个高频信号的信号波形,并可测出低频信号的频率为 50 Hz。

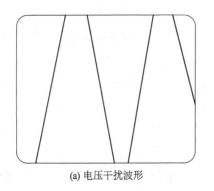 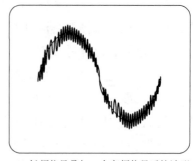

(a) 电压干扰波形　　　　　　　　　　(b) 低频信号叠加一个高频信号后的波形

图 1.6.3　接地不良时观察到的波形

如果将图 1.6.2 中信号发生器和晶体管毫伏表的地线（机壳）相连或两地线（机壳）分别接大地，干扰就可消除。因此，对高灵敏度、高输入阻抗的电子测量仪器应养成先接好地线再进行测量的习惯。

为了有效控制电路在工作中产生的各种干扰，使之能符合电磁兼容原则，在设计电路时，根据电路的性质，可以将工作接地分为直流地、交流地、数字地、模拟地、信号地、功率地、电源地等。不同的接地应当分别设置，不要在一个电路里面将它们混接在一起。例如，数字地和模拟地不能共地线，否则两个电路将产生非常强大的干扰，使电路陷入瘫痪。

（1）信号"地"

信号"地"又称参考"地"，就是零电位（势）的参考点，也是构成电路信号回路的公共端，图形符号为"⊥"。信号"地"可分为：

① 直流地：直流电路"地"，零电位参考点。

② 交流地：交流电的零线，应与地线区别开。

③ 功率地：大电流网络器件、功放器件的零电位参考点。

④ 模拟地：放大器、采样保持器、A/D 转换器和比较器的零电位参考点。

⑤ 数字地：也称逻辑地，是数字电路的零电位参考点。

⑥ "热地"：开关电源无须使用变压器，其开关电路的"地"和市电电网有关，即所谓的"热地"，它是带电的。

⑦ "冷地"：由于开关电源的高频变压器将输入、输出端隔离，并且其反馈电路常用光电耦合，既能传送反馈信号又将双方的"地"隔离。因此，输出端的地称之为"冷地"。它不带电，图形符号为"⊥"。

（2）保护"地"

保护"地"是为了保护工作人员安全而设置的一种接线方式。保护"地"线一端接用电器，另一端与大地可靠连接。

（3）音响中的"地"

① 屏蔽线接地：音响系统为防止干扰，其金属机壳用导线与信号"地"相接，也称屏蔽接地。

② 音频专用"地"：专业音响为了防止干扰，除了屏蔽"地"之外，还需与音频专用"地"相连。此接地装置应专门埋设，并且应与隔离变压器、屏蔽式稳压电源的相应接地端相连后作为音控室中的专用音频接地点。

1.6.2　地的处理方法

（1）数字地和模拟地应分开

电路中，数字地与模拟地必须分开，即使是对于 A/D、D/A 转换器，同一芯片上两种"地"也最好要分开，仅在系统一点上把两种"地"连接起来。

（2）浮地与接地

系统浮地，是将系统电路的各部分的地线浮置起来，不与大地相连。这种接法有一定抗干扰能力，但系统与地的绝缘电阻不能小于 50 MΩ，一旦绝缘性能下降，就会带来干扰。通常采用系统浮地，机壳接地，使系统抗干扰能力增强，更安全可靠。

（3）一点接地

在低频电路中，布线和元件之间不会产生太大影响。通常频率小于 1 MHz 的电路，采用一点接地。

（4）多点接地

在高频电路中，寄生电容和电感的影响较大。通常频率大于 10 MHz 的电路，采用多点接地。

关于一点接地与多点接地的理解：

① 一点接地：是指整个系统中，只有一个物理点被定义为接地参考点，其他各个需要接地的点都连接到这一点上。一点接地适用于频率较低的电路中（1 MHz 以下）。若系统的工作频率很高，以致工作波长与系统接地引线的长度可比拟时，一点接地方式就有问题了。当地线的长度接近 1/4 波长时，它就像一根终端短路的传输线，地线的电流、电压呈驻波分布，地线变成了辐射天线，而不能起到"地"的作用。为了减少接地阻抗，避免辐射，地线的长度应小于 1/20 波长。在电源电路的处理上，一般可以考虑一点接地。对于大量采用的数字电路的 PCB（Printed Circuit Board），由于其含有丰富的高次谐波，一般不建议采用一点接地方式。

② 多点接地是指设备中各个接地点都直接接到距它最近的接地平面上，以使接地引线的长度最短。多点接地比较适合频率高于 10 MHz 的电路中，在数模混合电路中，可以采用一点接地和多点接地结合的方法。

一般，模拟电路采用一点接地，数字电路采用多点接地；大电流地和小电流地分开接地，不要有相通的地方。

1.6.3　接地原则

① 一点接地和多点接地的应用原则：高频电路应就近多点接地，低频电路应一点

接地。

② 交流地与信号地不能共用。

③ 浮地和接地的比较:全机浮空方法简单,但全机与地的绝缘电阻不能小于 50 MΩ。

④ 数字地:印刷板中的地线应成网状,而且其他布线不要形成环路。

⑤ 模拟地:一般采用浮空隔离。

⑥ 功率地:应与小信号地线分开,并与直流地相连。

⑦ 信号地(传感器的地):传感器的地一般以 5 Ω 导体(接地电阻)一点接地,这种地不浮空。

⑧ 屏蔽地:用于对电场的屏蔽。

第 2 章

无源元件

教学提示

本章主要内容包括电阻器、电容器、电感器和变压器的型号命名、主要参数、识别和检测方法、使用注意事项和选用原则等。

教学要求

认识电阻器、电容器、电感器和变压器,掌握电阻器、电容器、电感器和变压器的应用与检测;掌握电阻器串并联的应用电路、电容器在电路中的应用、电感线圈与变压器的基本应用电路。

教学方法

理论与实践结合,结合真实元器件,直观授课。

电子元器件是组成电子产品的最小单元,其合理的选用直接关系到产品的电气性能和可靠性,特别是一些通用电子元器件。了解并掌握常用电子元器件的种类、结构、性能及应用等必要的知识,对电子产品的设计、制造十分重要。

电子元器件一般分为有源器件和无源元件两大类。本章将讨论不需要电源支持的无源元件如电阻器、电容器、电感器和变压器等。

2.1 电阻器

既能导电又有确定电阻值的元件,称为电阻器,简称电阻,它是电子设备中应用最多的基本元件之一。

2.1.1 电阻器的型号命名

国产电阻器的型号由四部分组成(不适用敏感电阻)。

第一部分:主称,用字母表示产品的名字。例如,R 表示电阻,W 表示电位器,M 表示敏感电阻。

第二部分:材料,用字母表示电阻体材料。例如,T—碳膜、H—合成碳膜、S—有机实心、N—无机实心、J—金属膜、Y—氮化膜、C—沉积膜、I—玻璃釉膜、X—线绕,如表 2.1.1 所示。

第三部分:分类,一般用数字表示,个别类型用字母表示,说明产品属于什么类型。例如,1—普通、2—普通、3—超高频 、4—高阻、5—高温、7—精密、8—高压、9—特殊、G—高功率、T—可调,如表 2.1.2 所示。

第四部分:序号,用数字表示同类产品中不同品种,以区分产品的外形尺寸和性能指标等。例如,RT11 型普通碳膜电阻。

表 2.1.1　电阻器型号中第二部分字母所代表的意义

字母	电阻器导电材料	字母	电阻器导电材料
A		N	无机实心
B (BB、BF)		L (L、S)	
C		O	
D	导电塑料	Q	
E		S	有机实心
F	复合膜	T	碳膜
G		V	
H	合成膜	X	线绕
I	玻璃釉膜	Y	氧化膜
J	金属膜	Z	

表 2.1.2　电阻器型号中第三部分数字(字母)所代表的意义

数字	电阻器	数字	电阻器
1	普通	9	特殊
2	普通	G	高功率
3	超高频	T	可调
4	高阻	X	小型
5	高温	L	测量用
6		W	微调
7	精密	D	多圈
8	高压		

电阻器的型号命名示例如图 2.1.1 所示。

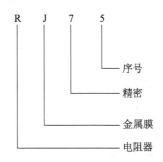

图 2.1.1　电阻器的型号命名示例

2.1.2　电阻器的分类及结构

电阻器的种类很多。各类电阻器的电路符号如图 2.1.2 所示。普通电阻器在电路中用作负载电阻、取样电阻器、分压器、分流器、滤波器(与电容组合)、阻抗匹配等。

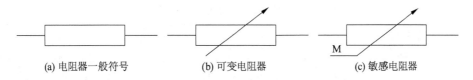

图 2.1.2　电阻器电路符号

2.1.2.1　电阻器的分类

电阻器的种类繁多,一般分为固定电阻、可变电阻和特种(敏感、熔断)电阻三大类,本节主要介绍固定电阻。固定电阻可按电阻体材料、结构形状、引出线及用途等分成多个类别,如表 2.1.3 所示。

表 2.1.3　固定电阻器分类

分类标准	类型 Ⅰ	类型 Ⅱ	类型 Ⅲ
电阻体材料	线绕电阻器	普通型电阻器	
		被釉型电阻器	
	非线绕电阻器	合成型电阻器	
		薄膜型电阻器	碳膜电阻器
			金属膜电阻器
			金属氧化膜电阻器
用途	通用型电阻器		
	高阻型电阻器		
	高压型电阻器		
	高频无感型电阻器		

分类标准	类型Ⅰ	类型Ⅱ	类型Ⅲ
结构	圆柱形电阻器		
	管形电阻器		
	圆盘形电阻器		
	平面片状电阻器		
引出线	轴向引线电阻器		
	径向引线电阻器		
	同向引线电阻器		
	列引线电阻器		

2.1.2.2 电阻器结构与特点

电阻器的结构与特点,如表 2.1.4 所示。

表 2.1.4 电阻器的结构与特点

序号	电阻器名称	结构与特点
1	碳膜电阻(RT)	它是通过真空高温热分解出的结晶碳沉积在陶瓷骨架上制成的。它的体积比金属膜电阻略大,温度系数为负值。其价格低廉,在一般电子产品中被大量使用,有普通碳膜、测量型碳膜、高频碳膜、精密碳膜和硅碳膜电阻器等。
2	金属膜电阻(RJ)	它是将金属或合金材料在高温真空下加热使其蒸发,通过高温分解、化学沉积或烧渗技术将合金材料蒸镀在陶瓷骨架上制成的。该电阻工作环境温度范围宽($-55 \sim 125$ ℃)、温度系数小、稳定性好、噪声低、体积小(与体积相同的碳膜电阻相比,其额定功率要大一倍左右)。在稳定性和可靠性要求较高的电路中,广泛应用。 金属膜电阻器又有普通金属膜、高精密金属膜、高压型金属膜、高阻型金属膜、超高频金属膜电阻器之分。
3	金属氧化膜电阻(RY)	它是将锡和锑的盐类配制成溶液,用喷雾器送入 $500 \sim 550$ ℃ 的加热炉内,喷覆在旋转的陶瓷基体上而形成的。该电阻的膜层比金属膜和碳膜电阻厚得多,且均匀、阻燃,与基体附着力强,因而有极好的脉冲、高频和过负荷性能,机械性能好、坚硬、耐磨,在空气中不会被氧化,化学稳定性好,但阻值范围窄(200 kΩ 以下),温度系数比金属膜电阻小。
4	线绕电阻(RX)	它是在瓷管上用合金丝绕制而成的。为了防潮并避免线圈松动,将其外层用被釉(玻璃釉或珐琅)涂覆加以保护,具有阻值范围大、功率大、噪声小、温度系数小、耐高温的特点。由于采用线绕工艺,其分布电感和分布电容都比较大,高频特性差。线绕电阻可分为精密型和功率型两类。其中,精密型线绕电阻适用于测量仪表或高精度电路,一般精度为 10 MΩ ～ 10 TΩ,最高可达 10 MΩ ～ 10 TΩ 以上,长期工作稳定可靠。
5	精密合金箔电阻器(RJ)	它是在玻璃基片上黏结一块合金箔光刻法蚀出一定图形,并涂覆环氧树脂保护层,装上引线并封装后制成的。它具有高精度、高稳定性、自动补偿温度系数的功能,可在较宽的温度范围内保持较小的温度系数。

序号	电阻器名称	结构与特点
6	实心电阻	实心电阻又分为有机实心(RS)和无机实心(RN)两种。 有机实心电阻由导电颗粒(碳粉、石墨)、填充物(云母粉、石英粉、玻璃粉、二氧化钛等)和有机黏合剂(如酚醛树脂)等材料混合并热压而成。该电阻具有较强的过负荷能力,噪声大、稳定性差、分布电感和分布电容较大。 无机实心电阻使用的是无机黏合剂(如玻璃釉),温度系数小、稳定性好,但阻值范围小。
7	合成膜电阻(RH)	合成膜电阻也叫合成碳膜电阻,是用有机黏合剂将碳粉、石墨和填制充料配成悬浮液,涂覆于绝缘基体上,经高温聚合制成。合成膜电阻可制成高阻型和高压型。高阻型的电阻体为防止合成膜受潮或氧化,被密封在真空玻璃管内,提高了阻值的稳定性。高压型是一根无引线的电阻长棒,表面涂为红色。高阻型电阻的阻值范围为 $10\ M\Omega \sim 10\ T\Omega$,精度等级为 $\pm 5\%$、$\pm 10\%$。高压型电阻的阻值范围为 $4.7\ M\Omega \sim 1\ G\Omega$,精度等级与高阻型相同,耐压分为 $10\ kV$、$35\ kV$ 两挡。
8	金属玻璃釉电阻(RI)	它是用玻璃釉做黏合剂,与金属氧化物混合,印制或涂覆在陶瓷基体件上,经高温烧结而成。其电阻膜比普通薄膜类电阻膜厚,具有较高的耐热性和防潮性,常制成小型贴片式(SMT)电阻。
9	电用网络	它采用掩膜、光刻、烧结等综合工艺技术,按一定规律在一块基片上制成多个参数、性能一致的电阻,连接成电用网络,也称为排电阻或集成电阻。集成电阻器有单列式和双列直插式两种。
10	热敏电阻器(MZ 或 MF)	通常由单晶、多晶等对温度敏感的半导体材料制成。它以钛酸钢为主要原料,辅以微量的锶、钛、铝等化合物,经加工制成的具有正温度系数的电阻器,是一种对温度反应较敏感且阻值随温度变化而变化的非线性电阻器,常用于温度监控设备中。
11	压敏电阻器(MY)	它是以氧化锌为主要材料制成的半导体陶瓷元件,电阻值随两端电压的变化按非线性特性变化。当两端电压小到一定值时,流过压敏电阻器的电流很小,呈现高阻抗;当两端电压大到一定值时,流过压敏电阻器的电流迅速增大,呈现低阻抗。常用于过压保护电路中。
12	光敏电阻器(MG)	它是用硫化镉或硒化镉等半导体材料制成的,对光线敏感,无光照射时,呈现高阻抗,阻值可达 $1.5\ M\Omega$ 以上;有光照射时,材料中激发出自由电子和空穴,其电阻值减小,电阻值随照度升高迅速减小,阻值可小至 $1\ k\Omega$ 以下。常用于自动控制电路中。
13	气敏电阻器(MQ)	它常由二氧化锡等半导体材料制成,是一种对特殊气体敏感的元件,主要是由于二氧化锡等半导体材料吸附气体时,具有电阻值能改变的特性,使其阻值随被测气体的浓度变化,将气体浓度的变化转化为电信号的变化。常用于有害气体的检测装置中。
14	湿敏电阻器(MS)	它由基体、电极和感湿的材料制成,是一种对环境湿度敏感的元件,其阻值可随着环境湿度的变化而变化。基体一般采用聚碳酸酯板、氧化铝、电子陶瓷等耐高温且吸水的材料,感湿层为微孔型结构,具有电解质特性。根据感湿层使用的材料不同可分为正电阻湿度特性(湿度大、电阻值大)电阻和负电阻湿度特性(湿度大、电阻值小)电阻。常用于洗衣机、空调等家用电器中。

序号	电阻器名称	结构与特点
15	力敏电阻器(ML)	它是利用半导体材料的电阻值随外力大小而变化的现象制成的,是一种能将力转变为电信号的特殊元件。常用于张力计、转矩计及压力传感器中。
16	磁敏电阻器(MC)	它采用砷化铟或锑化铟等材料,根据半导体的磁阻效应制成,其电阻值可随磁场强度的变化而变化,是一种对磁场敏感的半导体元件,可以将磁感应信号转变为电信号。常用于磁场强度漏磁磁卡文字识别、磁电编码器等的磁检测及传感器中。
17	熔断电阻器(RF)	不属于半导体电阻,它是近年来大量采用的一种新型元件,集电阻器与熔断器(保险丝)于一身,平时具有电阻器的功能,且电路出现异常电流时,立刻熔断,起到保护电路中其他元器件的作用。

2.1.2.3 电阻器外形

电阻的种类虽多,但常用的主要为 RT 型碳膜电阻、RJ 型金属膜电阻、RX 型线绕电阻和片状电阻,如图 2.1.3 所示。

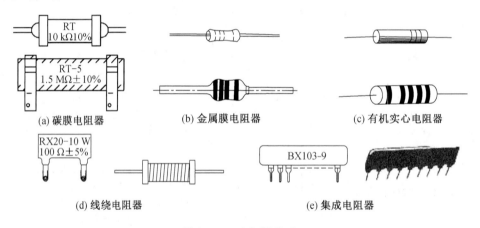

(a) 碳膜电阻器　　　　　(b) 金属膜电阻器　　　　　(c) 有机实心电阻器

(d) 线绕电阻器　　　　　　　(e) 集成电阻器

图 2.1.3　电阻器外形

2.1.3 电阻器的主要特性参数

(1) 标称阻值

电阻器上所标示的阻值,为选用电阻器提供了方便。电阻器的标称值按国家 E 系列标准标注,如表 2.1.5 所示。不同类型的电阻器,阻值范围不同;不同精度等级的电阻器,其数值系列也不相同。各系列中的数可分别表示不同量值的标称值。例如,4.7 这个标称值,就有 0.47 Ω、4.7 Ω、47 Ω、470 Ω、4.7 kΩ 等不同的阻值。

表 2.1.5　E24、E12、E6 标称值系列及精度

系列	允许偏差	允误差等级	标称容量值											
E24	±5%	Ⅰ	1.0	1.1 1.2	1.3 1.5	1.6 1.8	2.0 2.2	2.4 2.7	3.0 3.9	3.6 3.9	4.3 4.7	5.1 5.6	6.2 6.8	7.5 8.2	9.1
E12	±10%	Ⅱ	1.0	1.2	1.5	1.8	2.2	2.7	3.3	3.9	4.7	5.6	6.8	8.2
E6	±20%	Ⅲ	1.0		1.5		2.2		3.3		4.7		6.8	

在标称值的 E 系列标准中,还有 E48、E96 等标准。电阻器的基本单位为欧姆(Ω),常用单位还有千欧(kΩ)、兆欧(MΩ)、吉欧(GΩ),它们之间的关系为

$$1\ \Omega = 10^{-3}\ k\Omega = 10^{-6}\ M\Omega = 10^{-9}\ G\Omega$$

不同的系列规定了不同的精度等级。直标法中可直接用百分数精度,也可用罗马字母表示,如 ±5%(Ⅰ)、±10%(Ⅱ)、±20%(Ⅲ)。

（2）允许误差

标称阻值与实际阻值的差值和标称阻值之比的百分数称允许偏差,它表示电阻器的精度。允许误差与精度等级的对应关系为:±0.5% −0.05、±1% −0.1(或00)、±2% −0.2(或0)、±5% −Ⅰ级、±10% −Ⅱ级、±20% −Ⅲ级,如表2.1.6所示。

表 2.1.6　字母表示的允许误差

允许误差/%	符号	允许误差/%	符号
±0.001	E	±0.25	C
±0.002	X	±0.5	D
±0.005	Y	±1	F
±0.01	H	±2	G
±0.02	U	±5	J
±0.05	W	±10	K
±0.1	B	±20	M

表中,E、X、Y、H、U、W、B……分别表示允许偏差范围。

（3）额定功率

在正常的大气压力 90 ~ 106.6 kPa 及环境温度为 −55 ~ 70 ℃的条件下,电阻器长期工作所允许耗散的最大功率即额定功率。电阻器额定功率的通用符号如图2.1.4所示。

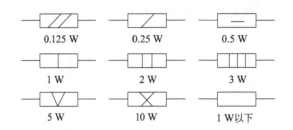

图 2.1.4 电阻器额定功率的通用符号

（4）额定电压

额定电压是由阻值和额定功率换算出的电压。

（5）最高工作电压

最高工作电压是允许的最大连续工作电压。在低气压工作时,最高工作电压较低。

（6）温度系数

温度系数是指温度每变化 1 ℃所引起的电阻值的相对变化。温度系数越小,电阻的稳定性越好。阻值随温度升高而增大的为正温度系数,反之为负温度系数。

在衡量电阻温度稳定性时,用 α 表示温度系数,定义为

$$\alpha = \frac{R_2 - R_1}{R_1(T_2 - T_1)}(1/\text{℃}) \tag{2.1.1}$$

式中,α 为电阻温度系数;R_1、R_2 分别为温度在 T_1、T_2 时的阻值(单位为 Ω)。式(2.1.1)表明,温度系数越大,电阻器的热稳定性越差。

金属膜、合成膜等电阻具有较小的正温度系数,碳膜电阻具有负温度系数。适当控制材料及加工工艺,可以制成温度系数稳定性高的电阻。

（7）非线性

流过电阻的电流与加在其两端的电压不成正比关系时,称为电阻的非线性。电阻的非线性用电压系数表示,即在规定的范围内,电压每改变 1 V,电阻值的平均相对变化量为

$$K = \frac{R_2 - R_1}{R_1(U_2 - U_1)} \times 100\% \tag{2.1.2}$$

式中,U_2 为额定电压;U_1 为测试电压;R_1、R_2 分别为在 U_1、U_2 条件下所测电阻。一般金属型电阻线性度很好,非金属型电阻线性度差。

（8）噪声

噪声是产生于电阻中的一种不规则的电压起伏。噪声包括热噪声和电流噪声两种。

热噪声是由于电子在导体中不规则运动而引起的,既不取决于材料,也不取决于导体的形状,仅与温度和电阻阻值有关。任何电阻都有热噪声,降低电阻的工作温度,可以减小热噪声。电阻的非线性和噪声曲线如图 2.1.5 所示。

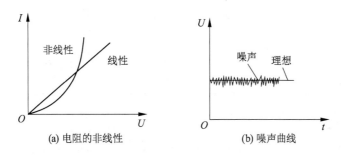

图 2.1.5　电阻的非线性和噪声曲线

电流噪声是由于电流流过导体时,导电微粒与非导电微粒之间不断发生碰撞而产生的机械振动,使颗粒之间的接触电阻不断发生变化。当直流电压加在电阻两端时,电流将被起伏的噪声电阻所调制。因此,电阻两端除了有直流压降外,还有不规则的交变电压分量,这就是电流噪声。电流噪声与电阻内的微观结构有关,并与外加的直流电压成正比。合金型电阻无电流噪声,薄膜型较小,合成型最大。

（9）老化系数

电阻器在额定功率长期负荷下阻值相对变化的百分数,称为老化系数,这是表示电阻器寿命长短的参数。

（10）电压系数

电压系数是指在规定的电压范围内,电压每变化 1 V,电阻器的相对变化量。

2.1.4　电阻器阻值标示方法

（1）直标法

直标法是按照各类电子元器件的命名规则,将主要信息用字母和数字标注在元器件表面上。直标法一目了然,但只适用于体积较大的元器件,多用于电阻器、电容器和电感器中。直标法在元器件的表面上直接用字母和数字标出元器件的材料、标称值、精度等参数,如图 2.1.6 所示。

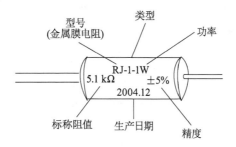

图 2.1.6　元器件直标法

在直标法中,符号所表示的单位如表 2.1.7 所示。

表 2.1.7 直标法符号所表示的单位

符号	R	K	M	G	T
单位	欧姆 (Ω)	千欧姆 (10^3 Ω)	兆欧姆 (10^6 Ω)	千兆欧姆 (10^9 Ω)	兆兆欧姆 (10^{12} Ω)

（2）文字符号法

用阿拉伯数字和文字符号有规律的组合来表示标称阻值,其允许偏差也用文字符号表示。

符号前面的数字表示整数阻值,后面的数字依次表示第一位小数阻值和第二位小数阻值。例如,5.1 kΩ 的电阻在文字符号中可表示为 5k1, 5.1 Ω 的电阻可表示为 5Ω1 或 5R1,0.1 Ω 的电阻可表示为 R10,100 Ω 的电阻可表示为 100 R。

文字符号法多用于标注晶体管与集成电路。在电阻器、电容器的标注中,也经常用文字符号法表示材料的部分与直标法相同,差别主要表现在标称值和精度的标注上。

（3）数码法

在电阻器上用三位数码表示标称值的标注方法为数码法。数码从左到右,第一、二位为有效值,第三位为数值的倍率,即 10^n,偏差通常采用文字符号表示。当第三位为9时为特例,表示 10^{-1}。电阻的基本标注单位为 Ω。例如,电阻 105 表示 1 MΩ,272 表示 2.7 kΩ。

（4）色标法

色标法是指用不同颜色的带或点在电阻器表面标出标称阻值和允许偏差。国外电阻大部分采用色标法。

黑—0、棕—1、红—2、橙—3、黄—4、绿—5、蓝—6、紫—7、灰—8、白—9、金—±5%、银—±10%、无色—±20%,如图 2.1.7 所示。其所代表的有效数字、倍率数、允许误差,如表 2.1.8 所示。

表 2.1.8 色环颜色与数值对照表

颜色	有效数字	倍率	允许误差/%
棕	1	10^1	±1
红	2	10^2	±2
橙	3	10^3	—
黄	4	10^4	—
绿	5	10^5	±0.5
蓝	6	10^6	±0.2
紫	7	10^7	±0.1
灰	8	10^8	—

续表

颜色	有效数字	倍率	允许误差/%
白	9	10^9	$-20 \sim +50$
黑	0	10^0	—
金	—	10^{-1}	± 5
银	—	10^{-2}	± 10
无色	—		± 20

当电阻为四环时,最后一环必为金色或银色。前两位为有效数字, 第三位为乘方数, 第四位为偏差,如图 2.1.7 所示的上部。

当电阻为五环时,最后一环与前面四环距离较大。前三位为有效数字,第四位为乘方数, 第五位为偏差,如图 2.1.7 所示的下部。

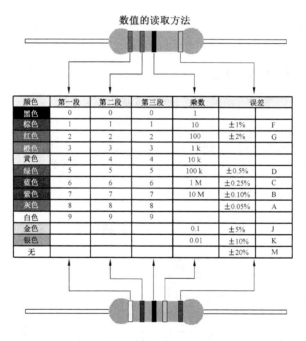

图 2.1.7　色标法

2.1.5　常用电阻器测试与选用

2.1.5.1　电阻器测试

阻值测试方法主要有万用表测试法。另外,还有电桥测试法、RLC 智能测试仪测试法和电阻误差分选仪测试法等。

用万用表测量电阻的方法如下:

① 将挡位旋钮置于电阻挡,再将倍率挡旋钮置于 $R \times 1$ 挡,然后把两表笔金属棒短接,观察指针是否到零位。如果调节欧姆挡调零旋钮后,指针仍然不能到零位,则说明电

池电量不足,应更换电池。

② 按万用表使用方法规定,表笔应指在标度尺的中心部分,读数才准确。因此,根据电阻的阻值来选择倍率挡。

③ 右手拿万用表棒,左手拿电阻体的中间,切不可用手同时捏表棒和电阻的两根引脚。因为这样测量的是原电阻与人体电阻并联的阻值,尤其是测量大电阻时,会使测量误差增大。在电路中测量电阻时要切断电源,并考虑电路中的其他元器件对电阻值的影响。如果电路中接有电容器,还必须将电容器放电,以免万用表被烧毁。

2.1.5.2 电阻器的选用

电阻器的选用原则如下:

① 按用途选择电阻的种类。

② 在一般档次的电子产品中,选用碳膜电阻就可满足要求。在较恶劣的环境或精密仪器中,应选用金属膜电阻。

③ 正确选取阻值和允许误差。对于一般电路,选用误差为 ±5% 的电阻即可;对于精密仪器,应选用高精度的电阻。

④ 为保证电阻可靠耐用,其额定功率应是实际功率的 2~3 倍。

⑤ 电阻安装前,应将引线处理一下,保证焊接可靠。高频电路中电阻引线不宜长,以减少分布参数的影响;小型电阻的引线不宜短,一般为 5 mm 左右。

⑥ 使用电阻,应注意电阻两端所承受的最高工作电压。

⑦ 电阻绝缘性能要良好,不能有脱漆现象等。

2.2 电位器

2.2.1 电位器的电路符号

电位器是一种机电元件,它靠电刷在电阻体上的滑动,取得与电刷位移呈一定关系的输出电压。

电位器是一种连续可调的电阻器,是一种常用的电子元件之一。它有 3 个引出端,其中两个为固定端,另一个为滑动端,其滑动臂的接触刷在电阻体上滑动,使它的输出电位发生变化,因此称为电位器。电位器的电路符号如图 2.2.1 所示。

图 2.2.1 电位器电路符号

2.2.2　电位器的分类及结构

2.2.2.1　电位器的分类

电位器与电阻器一样,种类十分繁多,用途各异,可按用途、材料、结构特点、阻值变化规律及驱动机构的运动方式等分类。常用电位器的分类如表 2.2.1 所示。

表 2.2.1　常用电位器的分类

分类标准	一级分类	二级分类
电阻材料	合金型电位器	线绕电位器
		块金属膜电位器
	合成型电位器	合成碳膜型电位器
		合成实心型电位器
		金属玻璃釉电位器
		导电塑料型电位器
	薄膜型电位器	金属膜型电位器
		金属氧化膜型电位器
		氮化钽膜电位器
调节方式	直滑式电位器	
	旋转式电位器	单圈电位器
		多圈电位器
结构特点	抽头式电位器	
	带开关电位器	旋转开关型电位器
		推拉开关型电位器
	单联电位器	
	多联电位器	同步多联电位器
		异步多联电位器
用途	普通型电位器	
	微调型电位器	
	精密型电位器	
	功率型电位器	
	专用型电位器	

2.2.2.2　电位器的结构与特点

各电位器特性如表 2.2.2 所示。

表 2.2.2　电位器的结构与特点

电位器名称	结构与特点
线绕电位器(WX)	它是由合金电阻丝绕制在涂有绝缘物的金属或非金属上,经涂胶干燥处理后,装入基座内,再配上带滑动触点的转动系统制成的,精度可达±0.1%,额定功率可达 10W;具有精度高、稳定性好、温度系数小、接触可靠、耐高温、功率负荷能力强等优点;其缺点是阻值范围不够宽、高频性能差、分辨力不高,而且高阻值的线绕电位器易断线、体积较大、售价较高。
碳膜电位器(WT)	它是在绝缘胶木板上蒸涂上一层碳膜制成的,有单联、双联和单联带开关几种,具有成本低、结构简单、噪声小、稳定性好、电阻范围宽等优点;缺点是耐温耐湿性差、使用寿命短。碳膜电位器被广泛用于收音机、电视机等家用电器产品中。
合成碳膜电位器(WHT)	它是在绝缘基体上涂覆一层合成碳膜,经加温聚合后形成碳膜片,再与其他配件组合而成。阻值变化规律有线性和非线性两种,轴端结构有锁紧和非锁紧两种。这种电位器的阻值连续可变、分辨率高、耐高压、噪声低、阻值范围宽,性能优于碳膜电位器。
有机实心电位器(WS)	它是用碳粉、石英粉、有机黏合剂等材料混合加热后,压入塑料基体上,再经加热聚合制成的。这种电位器分辨率高、阻值连续可调、体积小、耐高温、耐磨、可靠性好、寿命长;缺点是耐压稍低、噪声较大、转动力矩大。多用于对可靠性要求较高的电子设备上。
多圈电位器	它属于精密型电位器,转轴每转一圈,滑动臂触点在电阻体上仅改变很小一段距离,因而精度高,阻值调整需转轴旋转多圈(可达 40 圈)。常用于精密调节电路中。
金属玻璃铀电位器	它是用丝网印刷法按照一定图形,将金属玻璃铀电阻浆料涂覆在陶瓷基体上,经高温烧结而成。其优点是阻值范围宽、耐热性好、过载能力强、耐潮、耐磨等,缺点是接触电阻和电流噪声大。
无触点电位器	普通电位器的触点与阻体以滑动或滚动接触方式工作,因而存在固有的接触噪音和磨损,所以其使用寿命是有限的。为了延长电位器的使用寿命并降低噪声,采用磁敏元件制作无触点电位器 它消除了机械接触,寿命长、可靠性高,分光电式电位器、磁敏式电位器等。
金属膜电位器	它可由合金膜、金属氧化膜、金属箔等组成,特点是分辨力高、耐高温、温度系数小、动噪声小、平滑性好。
导电塑料电位器	用特殊工艺将 DAP(邻苯二甲酸二烯丙脂)电阻浆料覆在绝缘机体上,加热聚合成电阻膜,或将 DAP 电阻粉热塑压在绝缘基体的凹槽内形成的实心体作为电阻体。其优点是平滑性好、分辨力强、耐磨性好、寿命长、动噪声小、可靠性极高、耐化学腐蚀。一般用于宇宙装置、导弹、飞机雷达天线的伺服系统等。
带开关的电位器	有旋转式开关电位器、推拉式开关电位器、推推开关式电位器。
预调式电位器	它在电路中,一旦调试好,用蜡封住调节位置,在一般情况下不再调节。
直滑式电位器	采用直滑方式改变电阻值。
双连电位器	有异轴双连电位器和同轴双连电位器两种。

2.2.2.3　常用电位器外形

常用电位器外形如图 2.2.3 所示。

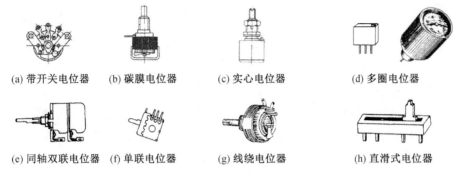

(a) 带开关电位器　　(b) 碳膜电位器　　(c) 实心电位器　　　　(d) 多圈电位器

(e) 同轴双联电位器　(f) 单联电位器　(g) 线绕电位器　　　　(h) 直滑式电位器

图 2.2.3　常用电位器外形

2.2.3　电位器的主要技术参数

电位器所用的材料与相应的固定电阻器相同,其主要参数与相应的电阻器也类似,这里不再重复。由于电位器的阻值是可调的,且又有触点存在,因此还有其他一些参数。

(1)滑动噪声

当电刷在电阻体上滑动时,电位器中心端与固定端的电压出现无规则的起伏现象,称为电位器的滑动噪声。它是由电阻体电阻率分布的不均匀性和电刷滑动时接触电阻的无规律变化引起的。

(2)分辨力

分辨力也称为分辨率,主要用于线绕电位器,当活动触点每移动一线匝时,输出电压将跳跃式地发生变化,该变化量与输出电压的相对比值即为分辨力。分辨力标志着输出量调节可达到的精密程度,线绕电位器没有非线绕电位器的分辨力高。

(3)阻值变化特性

为了适应各种不同的用途,电位器阻值变化规律也不相同。常见的电位器阻值变化规律有直线式(X 型)、指数式(Z 型)和对数式(D 型)三种。三种形式的电位器阻值随活动触点的旋转角度变化的曲线如图 2.2.4 所示。纵坐标是某一角度时的电阻实际数值与电位器总电阻值的百分数,横坐标是旋转角与最大旋转角的百分数。

(4)轴长与轴端结构

电位器的轴长是指从安装基准面到轴端的尺寸,如图 2.2.5 a 所示。轴长尺寸系列有 6 mm、10 mm、12.5 mm、16 mm、25 mm、30 mm、40 mm、50 mm、63 mm、80 mm;轴端系列有 2 mm、3 mm、4 mm、6 mm、8 mm、10 mm,电位器的轴端结构如图 2.2.5 b 所示。

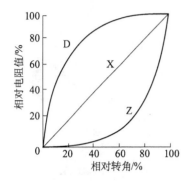

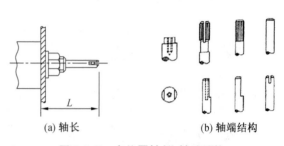

图 2.2.4　电位器阻值变化规律　　　　图 2.2.5　电位器轴长、轴端结构

2.2.4　电位器的简易测试与使用

2.2.4.1　电位器测试

电位器在使用过程中,由于旋转频繁而容易发生故障,这种故障表现为噪声、声音时大时小、电源开关失灵等。可用万用表来检测电位器的质量。

(1) 测量电位器固定端的总阻值是否符合标称值

普通电位器对外有 3 个引出端:固定端 1、3 和滑动端 2。固定端 1、3 两端的电阻值就是电位器的标称阻值。将万用表的两根表笔分别接在电位器的 1、3 端,查看万用表读数是否与标称值一致。

(2) 检测电位器的活动臂与电阻片的接触是否良好

用万用表的欧姆挡测 1、2 或 2、3 两端,慢慢转动电位器,阻值应连续变大或变小,若有阻值跳动,则说明活动触点接触不良。

(3) 测量开关电位器的好坏

对带有开关的电位器,检查时可用万用表 $R \times 1$ 挡测"开关"两焊片间的通断情况是否正常。旋转电位器的轴柄,使开关一"开"一"关",观察万用表指针是否"通"或"断"。

要开、关多次,并观察是否每次都反应正确。若在"开"的位置,电阻不为 0,说明内部开关触点接触不良;若在"关"的位置,电阻值不为无穷大,说明内部开关失控。

(4) 检查外壳与引脚的绝缘性

将万用表拨至 $R \times 10k$ 挡,一表笔接电位器外壳,另一表笔逐个接每一个引脚,阻值均应为无穷大。否则,说明外壳引脚间绝缘不良。

2.2.4.2　电位器使用

使用电位器时应注意以下几点:

① 各类电子设备中,电位器的安装位置比较重要。如需要经常调节电位器轴或驱动装置,电位器应装在不要拆开设备就能方便调节的位置。

微调电位器放在印刷电路板上可能会受到其他元件的影响。例如,把一个关键的微调电位器靠近散发较多热量的大功率电阻安装就不合适。

电位器的安装位置与实际的组装工艺方法也有一定的关系。各种微调电位器可能散布在给定的印刷电路板上,但只有一个入口方向可进行调节,因此,设计者必须精心地排列所有的电路元件,使全部微调电位器都能沿同一入口方向加以调节而不受相邻元件的阻碍。

② 使用前进行检查。电位器在使用前,应用万用表测量其工况是否良好。

③ 正确安装。安装电位器时,应把紧固零件拧紧,使电位器安装可靠。由于经常调节,若电位器松动变位,与电路中其他元件相碰,会使电路发生故障或损坏其他元件。特别是带开关的电位器,开关常常和电源线相连,若引线脱落,与其他部位相碰,更易发生故障,在日常使用中,若发现松动,应及时紧固,不能大意。

④ 正确焊接。像大多数电子元件那样,电位器在装配时,如果在其接线柱或外壳上加热过度,则易损坏。

⑤ 使用中必须注意不能超负荷使用,尤其是终点电刷。

⑥ 使用电位器调整电路,都应注意避免在错误调整电位器时造成某些元件有过电流现象。最好在调整电路中串入固定电阻,以免损坏其他元件。

⑦ 正确调节使用。当频繁调节电位器时,用力要均匀,不要猛拉猛关。

⑧ 修整电位器,特别是截去较长的调节轴时,应夹紧转轴后再截短,避免电位器主体部位受力损坏。

⑨ 避免在湿度大的环境下使用,因为传动机构不能进行有效密封,潮气会进入电位器内。

2.3　电容器

电容器是大量使用的电子元件之一,广泛应用于隔直、耦合、旁路、滤波、调谐回路、能量转换、控制电路等。用 C 表示电容,电容单位有法拉(F)、微法拉(μF)、皮法拉(pF),$1\ \text{F} = 10^{-6}\ \mu\text{F} = 10^{-12}\ \text{pF}$。

2.3.1　电容器的型号命名

国产电容器的型号一般由四部分组成(不适用于压敏、可变、真空电容器),依次代表名称、材料、分类和序号。

第一部分:名称,用字母表示。

第二部分:材料,用字母表示,如表 2.3.1 所示。

第三部分:分类,一般用数字表示,个别用字母表示,如表 2.3.2 所示。

第四部分:序号,用数字表示。

表 2.3.1　电容器型号中第二部分字母所代表的意义

字母	电容器介质材料	字母	电容器介质材料
A	钽电解	N	铌电解
B (BB、BF)	聚苯乙烯等非极性薄膜(在 B 后再加一字母区分具体材料)	L (L,S)	聚酯等极性有机薄膜(在 L 后再加一字母区分具体材料)
C	高频陶瓷	O	玻璃膜
D	铝电解	Q	漆膜
E	其他材料电解	S	
F		T	低频陶瓷
G	合金电解	V	云母纸
H	纸膜复合	X	
I	玻璃釉	Y	云母
J	金属化纸	Z	纸介

表 2.3.2　电阻器、电容器型号中第三部分数字(字母)所代表的意义

数字	瓷介电容器	云母电容器	有机电容器	电解电容器
1	圆形	非封闭	非封闭	箔式
2	管形	非封闭	非封闭	箔式
3	叠片	封闭	封闭	烧结粉、非固体
4	独石	封闭	封闭	烧结粉、非固体
5	穿心		穿心	
6	支柱形			
7				无极性
8	高压	高压	高压	
9			特殊	特殊
字母	电阻器		电容器	
G	高功率		高功率	
T	可调		叠片式	
W			可调	

电容器型号命名示例如图 2.3.1 所示。

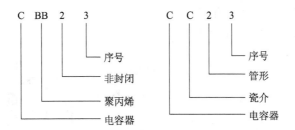

图 2.3.1　电容器型号命名示例

2.3.2　电容器的分类及结构

2.3.2.1　电容器的分类

电容器按照结构分为固定电容器、可变电容器和微调电容器三大类。

电容器按电介质分为有机介质电容器、无机介质电容器、电解电容器和空气介质电容器等,如表 2.3.3 所示。

表 2.3.3　电容器按电介质分类

分类标准	类型 I	类型 II
有机介质	纸质电容器	
	塑料电容器	
	纸膜复合金属化纸介电容器	
	薄膜复合电容器	
无机介质	云母电容器	
	玻璃釉电容器	
	陶瓷电容器	圆片状电容器
		管状电容器
		矩形电容器
		片状电容器
		穿心电容器
气体介质	空气电容器	
	真空电容器	
	充气电容器	
电解质	普通铝电解电容器	
	钽电解电容器	
	铌电解电容器	

2.3.2.2 常用固定电容器外形

常用固定电容器的外形如图2.3.2所示。

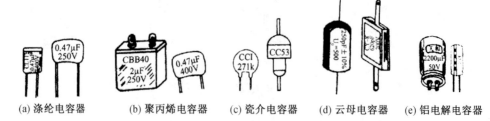

(a) 涤纶电容器　　(b) 聚丙烯电容器　　(c) 瓷介电容器　　(d) 云母电容器　　(e) 铝电解电容器

图 2.3.2　常用固定电容器外形

2.3.2.3 电容器的结构与特点

常用电容的结构与特点如表2.3.4所示。

表 2.3.4　常用电容器的结构与特点

种类	结构和特点
纸介电容	它用两片金属箔作电极,夹在极薄的电容纸中,卷成圆柱形或者扁柱形芯子,然后密封在金属壳或者绝缘材料(如火漆、陶瓷、玻璃釉等)壳中制成。其特点是体积较小,容量可以做得较大,但有固有电感、损耗比较大,适用于低频电路。
云母电容	它用金属箔或者在云母片上喷涂银层作电极板,极板和云母一层一层叠合后,再压铸在胶木粉或固在环氧树脂中制成。其特点是介质损耗小、绝缘电阻大、温度系数小,适用于高频电路。
陶瓷电容	它用陶瓷作介质,在陶瓷基体两面喷涂银层,然后烧成银质薄膜作极板制成。其特点是体积小、耐热性好、损耗小、绝缘电阻高,但容量小,适用于高频电路。铁电陶瓷电容容量较大,但损耗和温度系数也大,适用于低频电路。
薄膜电容	它的结构和纸介电容相同,介质是涤纶或者聚苯乙烯。涤纶薄膜电容介电常数较大、体积小、容量大、稳定性较好,适宜作旁路电容。聚苯乙烯薄膜电容介质损耗小、绝缘电阻高,但温度系数大,可用于高频电路。
金属化纸介电容	它的结构和纸介电容基本相同。它是在电容器纸上覆上一层金属膜来代替金属箔,体积小、容量较大,一般用在低频电路中。
油浸纸介电容	它是把纸介电容浸在经过特别处理的油里,能增强它的耐压能力。其特点是电容量大、耐压高,但体积较大。
铝电解电容	它是由铝圆筒作负极,里面装有液体电解质,插入一片弯曲的铝带作正极制成的。还需要经过直流电压处理,使正极片上形成一层氧化膜作介质。其特点是容量大,但漏电大、稳定性差、有正负极性,适宜用于电源滤波或者低频电路中。使用时,正负极不要接反。
钽、铌电解电容	它用金属钽或者铌作正极,用稀硫酸等配液作负极,用钽或铌表面生成的氧化膜作介质制成。其特点是体积小、容量大、性能稳定、寿命长、绝缘电阻大、温度特性好,多用在要求较高的设备中。

电容种类	电容结构和特点
半可变电容	半可变电容也叫作微调电容。它是由两片或者两组小型金属弹片中间夹介质制成的。调节的时候改变两片之间的距离或者面积。它的介质有空气、陶瓷、云母、薄膜等。
可变电容	它由一组定片和一组动片组成,容量随动片的转动而连续改变。把两组可变电容装在一起同轴转动,叫作双连。可变电容的介质有空气和聚苯乙烯两种。空气介质可变电容体积大、损耗小,多用在电子管收音机中。聚苯乙烯介质可变电容做成密封式的,体积小,多用在晶体管收音机中。

2.3.3　电容器的主要特性参数

（1）标称电容量与允许偏差

标称电容量是标注在电容器上的电容量和精度。

电容器实际电容量与标称电容量的偏差称为误差,在允许的偏差范围称为精度。

精度等级与允许误差的对应关系:00（01）－ ±1% 、0（02）－ ±2% 、Ⅰ － ±5% 、Ⅱ － ±10% 、Ⅲ － ± 20% 、Ⅳ － （ ＋20% － 10% ）、Ⅴ － （ ＋50% － 20% ）、Ⅵ － （ ＋50% － 30% ）。

一般电容器常用 Ⅰ 、Ⅱ 、Ⅲ级,电解电容器用Ⅳ 、Ⅴ 、Ⅵ级,根据用途选取。

（2）额定电压

在最低环境温度和额定环境温度下可连续加在电容器两端的最高直流电压有效值,一般直接标注在电容器外壳上,如果工作电压超过电容器的耐压,电容器会被击穿,造成不可修复的永久损坏。

（3）绝缘电阻及漏电流

直流电压加在电容上,并产生漏电流,两者之比称为绝缘电阻。绝缘电阻越小越好。

当电容较小时,绝缘电阻主要取决于电容的表面状态;电容大于 0.1 μF 时,绝缘电阻主要取决于介质的性能。

电容的时间常数是为评价大容量电容的绝缘情况引入的,它等于电容的绝缘电阻与容量的乘积。

（4）损耗因素

通常,电容在电场作用下,其存储或传递的一部分电能会因介质漏电及极化作用而变为无用有害的热能,这部分发热消耗的能量就是电容的损耗。各类电容都规定了某频率范围内的损耗因数允许值。

在直流电场的作用下,电容器的损耗以漏导损耗的形式存在,一般较小;在交变电场的作用下,电容的损耗不仅与漏导有关,而且与周期性的极化建立过程有关。

电容的损耗因数定义为有功损耗与无功损耗功率之比,即

$$\frac{P}{P_q} = \frac{UI\sin\delta}{UI\cos\delta} = \tan\delta \qquad (2.3.1)$$

式中，P 为有功损耗功率；P_q 为无功损耗功率；U 为施加于电容上的电压有效值；I 为施加于电容上的电流有效值；δ 为损耗角。

（5）温度系数

电容器容量在温度每变化 1 ℃时的相对变化量，可用温度系数 α_C 表示，即

$$\alpha_C = \frac{1}{C} \cdot \frac{\Delta C}{\Delta t} \times 10^{-6}(1/℃) \qquad (2.3.2)$$

式中，C 为室温下的电容量；$\dfrac{\Delta C}{\Delta t}$为电容量随温度的变化率。

电容器的温度系数也有正温度系数和负温度系数之分。

（6）频率特性

随着频率的增大，一般电容器的电容量呈现减小的规律。

各类电容器的主要参数对照表，如表 2.3.5 所示。

表 2.3.5　各类电容器的主要参数

电容种类	容量范围	直流工作电压/V	适用频率/MHz	精度	漏电电阻/MΩ
中小型纸介电容	470 pF ～ 0.22 μF	63 ～ 630	< 8	Ⅰ ～ Ⅲ	> 5 000
金属壳密封纸介电容	0.01 ～ 10 μF	250 ～ 1600	直流，脉动直流	Ⅰ ～ Ⅲ	> 1 000 ～ 5 000
中小型金属化纸介电容	0.01 ～ 0.22 μF	160、250、400	< 8	Ⅰ ～ Ⅲ	> 2 000
金属壳密封金属化纸介电容	0.22 ～ 30 μF	160 ～ 1 600	直流，脉动电流	Ⅰ ～ Ⅲ	> 30 ～ 5 000
薄膜电容	3 pF ～ 0.1 μF	63 ～ 500	高频、低频	Ⅰ ～ Ⅲ	> 10 000
云母电容	10 pF ～ 0.51 μF	100 ～ 7 000	75 ～ 250 以下	02 ～ Ⅲ	> 10 000
瓷介电容	1 pF ～ 0.1 μF	63 ～ 630	低频、高频 50 ～ 3 000 以下	02 ～ Ⅲ	> 10 000
铝电解电容	1 ～ 10 000 μF	4 ～ 500	直流，脉动直流	Ⅳ Ⅴ	
钽、铌电解电容	0.47 ～ 1 000 μF	6.3 ～ 160	直流，脉动直流	Ⅲ Ⅳ	
瓷介微调电容	2/7 ～ 7/25 pF	250 ～ 500	高频		> 1 000 ～ 10 000
可变电容	最小 >7 pF 最大 <1 100 pF	100 以上	低频，高频		> 500

2.3.4　电容器容量标示

（1）直标法

用数字和单位符号直接标出。如 01 μF 表示 0.01 微法，有些电容用"R"表示小数点，

如 R56 表示 0.56 微法。

（2）文字符号法

用数字和文字符号有规律的组合来表示容量。在电容器的电阻中，4.7μF 可表示为 4μ7，0.1pF 的电容可表示为 p10，3.32pF 可表示为 3p32，均可用单位符号表示小数点。

（3）色标法

用色环或色点表示电容器的主要参数。电容器的色标法与电阻相同。

电容器偏差标志符号：$+100\% - 0 - H$、$+100\% - 10\% - R$、$+50\% - 10\% - T$、$+30\% - 10\% - Q$、$+50\% - 20\% - S$、$+80\% - 20\% - Z$。

2.3.5　电容器的简易测试与选用

2.3.5.1　电容器的简易测试

电容器在使用前应对其漏电情况进行检测。容量小于 100 μF 的电容器用 $R \times 1k$ 挡检测；容量大于 100 μF 的电容用 $R \times 10$ 检测。具体方法：将万用表两表笔分别接在电容的两端，指针应先向右摆动，然后回到"∞"位置附近。表笔对调重复上述过程，若指针距"∞"处很近或指在"∞"位置上，说明漏电电阻大，电容性能好；若指针距"∞"处较远，说明漏电电阻小，电容性能差；若指针在"0"处始终不动，说明电容内部短路。对于 5 000 μF 以下的小容量电容器，由于容量小、充电时间快、充电电流小，用万用表的高阻值挡也看不出指针摆动，可借助电容表直接测量其容量。

2.3.5.2　电容器的选用

电容器的种类繁多，性能指标各异，合理选用电容器对产品设计十分重要。

（1）不同的电路应选用不同种类的电容器

在电源滤波、去耦电路中，要选用电解电容器；在高频、高压电路中，应选用瓷介电容、云母电容器；在谐振电路中，可选用云母、陶瓷和有机薄膜等电容器；用作隔直流时，可选用纸介、涤纶、云母、电解等电容器；用在调谐回路中，可选用空气介质或小型密封可变电容器。

（2）电容器耐压的选择

电容器的额定电压应高于实际工作电压的 10%～20%，对工作稳定性较差的电路，可留有更大的余量，以确保电容器不被损坏和击穿。

（3）容量的选择

对于振荡、延时电路，电容器容量误差应尽可能小，选择误差应小于 5%；对于低频耦合电路，电容器容量误差可大些，一般 10% ～20% 就能满足要求。

（4）引线形式的选择

在选用电容器时，还应注意其引线形式，可根据实际需要选择焊片引出、按线引出、螺丝引出等，以适应线路的插孔要求。

（5）其他因素

在选用电容器时,有时还要考虑体积、价格及电容器所处的工作环境(温度、湿度)等因素。

（6）电容器的代用

在选购电容器时,买不到所需型号或所需容量的电容器,或在维修时手头有的与所需的不相符合时,便可考虑代用。代用的原则:电容器的容量基本相同;代电容器的耐压值不低于原电容器的耐压值;对于旁路电容、耦合电容,可选择比原电容量大的代用;在高频电路中,代用时一定要考虑频率特性应满足电路的要求。

（7）电容器使用注意事项

电容器外形应该完整,引线不应松动;使用电容器时应测量其绝缘电阻,其值应符合使用要求;电解电容器极性不能接反;电容器耐压应符合要求,如果耐压不够,可采用串联的方法;某些电容器,其外壳有黑点或黑圈,在接入电路时应将该端接低电位或低阻抗的一端(接地);在振荡电路、延时电路、音调电路中,电容器容量应尽可能与计算值一致。在各种滤波及网络(选频网络)电路中,电容量要求精确;在低频耦合电路中,电容器的允许误差可以稍大一些(一般为 10% ~20%)。

2.4 电感器

电感线圈是由导线一圈挨一圈地绕在绝缘管上,制成的导线彼此间互相绝缘,绝缘管可以是空心的,也可以包含铁芯或磁粉芯。电感器简称电感,用 L 表示,单位有亨利(H)、毫亨利 (mH)、微亨利(μH),1 H = 10^3 mH = 10^6 μH。

电感器可分为两大类:一是应用自感作用的电感器;二是应用互感作用的变压器。电感器的主要作用是对交流信号进行隔离、滤波或与电容组成谐振电路等。电感器在电路中的符号如图 2.4.1 所示。

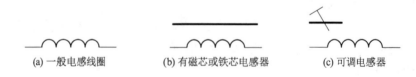

(a) 一般电感线圈　　　　(b) 有磁芯或铁芯电感器　　　　(c) 可调电感器

图 2.4.1　电感器电路符号

2.4.1　电感器的型号命名

电感器的型号命名没有统一的国家标准,各生产厂家有所不同,有的厂家用 LG 加产品序号来表示;有的厂家采用 LG 加数字和字母后缀的表示形式,其后缀字 1 表示卧式,2 表示立式,G 表示胶木外壳,P 表示圆饼式,E 表示耳朵形环氧树脂包封;也有的厂家采用

LF 加数字和字母后缀来表示。例如,LF10RD01。其中,LF 为低频电感线圈,10 为特征尺寸,RD 为工字型磁芯,01 代表产品序号。

大部分电感器的表示方法由 4 部分组成。

第 1 部分:主称,用字母表示。其中,L 代表线圈,ZL 代表阻流圈。

第 2 部分:特征,用字母表示。其中,G 代表高频。

第 3 部分:型号,用字母表示。其中,X 代表小型。

第 4 部分:区别代号,用字母表示。

例如,LGX 型为小型高频电感线圈如图 2.4.2 所示。

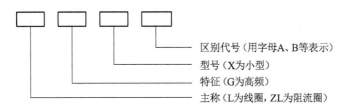

区别代号(用字母A、B等表示)
型号(X为小型)
特征(G为高频)
主称(L为线圈,ZL为阻流圈)

图 2.4.2　电感器命令方法

2.4.2　电感器的标示方法

为了便于生产和使用,常将小型固定电感线圈的主要参数标示在其外壳上,标示方法有直标法和色标法两种。

2.4.2.1　直标法

直标法是在小型固定电感线圈的外壳上直接用文字符号标出其电感量、允许偏差和最大直流工作电流等主要参数。其中,允许偏差常用Ⅰ、Ⅱ、Ⅲ来表示,分别代表允许偏差为 ±5%、±10%、±20%,最大工作电流常用字母 A、B、C、D、E 等标示。字母与电流的对应关系如表 2.4.1 所示。

表 2.4.1　小型固定电感线圈的最大工作电流与字母的相应关系

字母	A	B	C	D	E
最大工作电流/mA	50	150	300	700	1 600

例如,固定电感线圈外壳上标有 330μH、Ⅱ、C 的标志,则表明线圈的电感量为 330 μH,允许偏差为Ⅱ级(±10%),最大工作电流为 300 mA(C 挡)。

2.4.2.2　色标法

色标法是指在电感器的外壳上涂上 4 条不同颜色的环,来反映电感器的主要参数。前两条色环表示电感器的电感量。第一条表示电感量的第一位有效数字,第二条表示第二位有效数字,第三条色环表示乘数(即 10^a),第四条色环表示允许偏差。数字与颜色的对应关系如表 2.4.2 所示,单位为微亨(μH)。

表 2.4.2 电感器的色环表示

颜色	有效数字	乘数	允许偏差	颜色	有效数字	乘数	允许偏差
黑	0	10^0		紫	7	10^7	±0.1%
棕	1	10^1	±1%	灰	8	10^8	
红	2	10^2	±2%	白	9	10^9	+5% −20%
橙	3	10^3					
黄	4	10^4		金		10^{-2}	±5%
绿	5	10^5	±0.5%	银		10^{-1}	±10%
蓝	6	10^6	±0.25%	无色			±20%

2.4.3 电感器的分类

电感器分类方法很多,如表 2.4.3 所示。

表 2.4.3 电感器的分类

分类标准	分类	分类标准	分类
电感形式	固定电感	工作性质	天线线圈
	可变电感		振荡线圈
导磁体性质	空芯线圈		扼流线圈
	铁氧体线圈		陷波线圈
	铁芯线圈		偏转线圈
	铜芯线圈	绕线结构	单层线圈
			多层线圈
			蜂房式线圈

2.4.4 电感器的主要特性参数

(1)电感量

电感量 L 表示线圈本身的固有特性,与电流大小无关。除专门的电感线圈(色码电感)外,电感量一般不专门标注在线圈上,而以特定的名称标注。

(2)感抗

电感线圈对交流电流阻碍作用的大小称感抗 X_L,单位是欧姆。它与电感量 L 和交流电频率 f 的关系为

$$X_L = 2\pi fL = \omega L \tag{2.4.1}$$

(3)品质因素

线圈的品质因数 Q 也称优值或 Q 值,表示线圈质量,是指线圈在某一频率的交流电压下工作时,所呈现的感抗与其等效损耗电阻之比,即

$$Q = \frac{\omega L}{R} = \frac{2\pi f L}{R} \tag{2.4.2}$$

式中,L 为线圈的电感量,H;R 为当交流电频率为 f 时的等效损耗电阻,Ω。当 f 较低时,可认为 R 等于线圈的直流电阻;f 较高时,R 为包括各种损耗在内的总等效损耗电阻;ω 为角频率。Q 的数值大都在几十至几百,Q 值越大,电路的损耗越小、效率越高。

电感线圈的 Q 值与线圈的绕法、线的粗细、单股或多股、所用磁芯及工作频率有关。

（4）分布电容

线圈的匝与匝间、线圈与屏蔽罩间、线圈与底版间存在的电容被称为分布电容。这些分布电容可等效为与线圈并联的电容 C_0,如图 2.4.3 所示。该电路实际上是由 L、R 和 C_0 组成的并联谐振回路,谐振频率为

$$f_0 = \frac{1}{2\pi \sqrt{LC_0}} \tag{2.4.3}$$

称为线圈的固有频率。

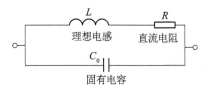

图 2.4.3　电感等效电路

为了保证线圈有效电感量的稳定,应使电感的工作额率低于其固有频率。分布电容的存在,使线圈的 Q 值减小、稳定性变差,因而线圈的分布电容越小越好。为了减小分布电容,可以减小线圈骨架的直径,用细导线绕制线圈,或采用间绕法、蜂房式绕法。

（5）额定电流

它是指允许通过电感元件的直流电流值。在选用电感元件时,若电路电流值大于额定电流值,电感器就会发热导致参数改变,甚至烧毁。

（6）稳定性

稳定性表示线圈参数随外界条件变化而改变的程度,通常用电感温度系数表示电感量对温度的稳定性,即

$$\alpha_L = \frac{L_2 - L_1}{L_1(T_2 - T_1)}(1/℃) \tag{2.4.4}$$

式中,α_L 为电感温度系数;L_i 是温度为 $T_i(i=1,2)$ 时的电感量,H。

温度对电感的影响主要是导线受热膨胀使线圈产生几何变形引起的。可以采用热绕法将导线加热绕制,冷却后导线收缩,紧紧贴在骨架上;还可采用烧渗法在线圈的高额骨架上烧渗一层薄银膜,替代线圈的导线,保证线圈不变形,提高稳定性。

湿度变化也会影响电感的参数。湿度增加时,线圈的分布电容和漏电损耗增加,改进的方法是用环氧树脂等防潮材料浸渍密封线圈,但这样处理后,由于浸渍材料的介电常数

比空气大,线圈的分布电容增大,还会引入介质损耗,使线圈 Q 值减小。

2.4.5 常用线圈

（1）单层线圈

单层线圈是用绝缘导线一圈挨一圈地绕在纸筒或胶木骨架上制成的。例如,晶体管收音机中波天线线圈。

（2）蜂房式线圈

如果所绕制的线圈,其平面不与旋转面平行,而是相交成一定的角度,这种线圈称为蜂房式线圈。其旋转一周,导线来回弯折的次数,常称为折点数。蜂房式线圈优点是体积小、分布电容小、电感量大。蜂房式线圈都是利用蜂房绕线机来绕制的,折点越多,分布电容越小。

（3）铁氧体磁芯和铁粉芯线圈

线圈的电感量大小与有无磁芯有关。在空芯线圈中插入铁氧体磁芯,可增加电感量和提高线圈的品质因素。

（4）铜芯线圈

铜芯线圈在超短波范围应用较多,利用旋动铜芯在线圈中的位置来改变电感量,这种调整比较方便。

（5）色码电感器

色码电感器是具有固定电感量的电感器,其电感量标示方法同电阻一样以色环来标记。

（6）阻流圈（扼流圈）

限制交流电通过的线圈称为阻流圈,分为高频阻流圈和低频阻流圈。

（7）偏转线圈

偏转线圈是电视机扫描电路输出级的负载。偏转线圈要求:偏转灵敏度高、磁场均匀、Q 值高、体积小、价格低。

2.4.6 电感器的简易测试与选用

电感器的电感量一般可通过高频 Q 表或电感表进行测量。若不具备以上两种仪表,则可用万用表测量线圈的直流电阻来判断其好坏。

2.4.6.1 电感器的简易测试

用万用表电阻挡测量电感器阻值的大小。若被测电感器的阻值为零,则说明电感器内部绕组有短路故障。操作时一定要将万用表调零,反复测试几次。若被测电感器阻值为无穷大,说明电感器的绕组或引出脚与绕组接点处发生了断路故障。

2.4.6.2 电感器的选用

① 按工作频率的要求选择某种结构的线圈。用于音频段,一般要用带铁芯(硅钢片

或坡莫合金）或低铁氧体芯的线圈。要用几百千赫兹到几兆赫兹的线圈时,最好用铁氧体芯,并以多股绝缘线绕制的;要用几兆赫兹到几十兆赫兹的线圈时,宜选用单股镀银粗铜线绕制,磁芯要采用短波高频铁氧体,也常用空心线圈。当工作频率为 100 MHz 以上时,一般不能选用铁氧体芯,只能用空心线圈。如要微调,可用铜芯。

②　因为线圈的骨架材料与线圈的损耗有关,所以用在高频电路里的线圈,通常应选用高频损耗小的高频瓷作骨架。对要求不高的场合,可以选用塑料、胶木和纸作骨架的电感器,它们的价格低廉、制作方便、质量轻。

③　选用线圈时,必须考虑机械结构是否牢固,不应使线圈松脱,引线接点活动等。

2.5　变压器

变压器是变换交流电压、电流和阻抗的器件,当初级线圈中通有交流电流时,铁芯（或磁芯）中便产生交流磁通,使次级线圈中感应出电压（或电流）。变压器由铁芯（或磁芯）和线圈组成,线圈有两个或两个以上的绕组,其中接电源的绕组叫初级线圈,其余的绕组叫次级线圈。

2.5.1　变压器的型号命名

2.5.1.1　低频变压器的型号命名

低频变压器的型号命名由序号、功率和主称 3 部分组成,如图 2.5.1 所示。

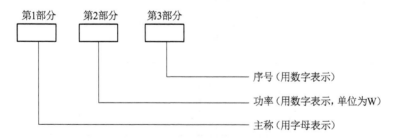

图 2.5.1　频变压器型号命名

第 1 部分:主称,用字母表示,如表 2.5.1 所示。

第 2 部分:功率,用数字表示,单位是 W。

第 3 部分:序号,用数字表示。

表 2.5.1　低频变压器主称字母的含义

字母	意义	字母	意义
DB	电源变压器	HB	灯丝变压器
CB	音频输出变压器	SB 或 ZB	音频(定阻式)输送变压器
RB	音频输入变压器	SB 或 EB	音频(定压式或自耦式)输送变压器
GB	高压变压器		

2.5.1.2　调幅收音机中频变压器的型号命名

调幅收音机的中频变压器型号命名由序号、外形尺寸和主称 3 部分组成,如图 2.5.2 所示。

第 1 部分:主称,用几个字母的组合表示名称、特征及用途,如表 2.5.2 所示。

第 2 部分:外形尺寸,用数字表示,如表 2.5.3 所示。

第 3 部分:序号,用数字表示,如表 2.5.4 所示。

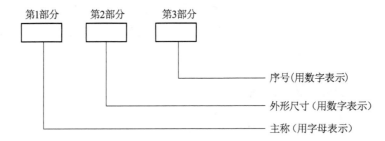

图 2.5.2　调幅收音机中频变压器型号命名

表 2.5.2　调幅收音机中频变压器的主称代号

字母	名称	字母	名称
I	中频变压器	F	调幅收音机用
L	线圈或振荡线圈	S	短波段
T	磁性瓷芯片		

表 2.5.3　调幅收音机中频变压器的尺寸代号

数字	外形尺寸/mm	数字	外形尺寸/mm
1	7×7×12	3	12×12×16
2	10×10×14	4	20×25×36

表 2.5.4　调幅收音机中频变压器的序号代号

数字	1	2	3
意义	第 1 级中频变压器	第 2 级中频变压器	第 3 级中频变压器

例如,FTT22 表示调幅收音机用的磁性瓷芯式中频变压器,其外形尺寸为 10 mm ×
10 mm×14 mm,第 2 级放大器后用的第 2 级中频变压器。

2.5.1.3　电视机中频变压器的型号命名

电视机用的中频变压器型号命名由底座尺寸、主称、结构和序号 4 部分组成,如图
2.5.3 所示。

第 1 部分:底座的尺寸,用数字表示。

第 2 部分:主称,用字母表示名称和用途,如表 2.5.5 所示。

第 3 部分:结构,用数字表示,如表 2.5.6 所示。

第 4 部分:序号,用数字表示。

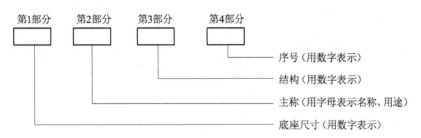

图 2.5.3　电视机中频变压器型号命名

表 2.5.5　电视机中频变压器的主称代号

字母	意义	字母	意义
T	中频变压器	V	图像回路
L	线圈	S	伴音回路

表 2.5.6　电视机中频变压器的结构代号

数字	意义	数字	意义
2	调磁帽式	3	调螺杆式

例如,10TS2221 表示调磁帽式伴音中频变压器,其底座尺寸为 10 mm×10 mm,产品
序列号为 221。

2.5.2　变压器的分类

变压器的分类方法有很多种,如表 2.5.7 所示。

表 2.5.7　变压器的分类

序号	分类标准	分类
1	冷却方式	干式(自冷)变压器
		油浸(自冷)变压器
		氟化物(蒸发冷却)变压器

续表

序号	分类标准	分类
2	防潮方式	开放式变压器
		灌封式变压器
		密封式变压器
3	铁芯或线圈结构	芯式变压器(插片铁芯、C 型铁芯、铁氧体铁芯)
		壳式变压器(插片铁芯、C 型铁芯、铁氧体铁芯)
		环形变压器
		金属箔变压器
4	电源相数	单相变压器
		三相变压器
		多相变压器
5	用途	电源变压器
		调压变压器
		音频变压器
		脉冲变压器
6	频率	低频变压器
		中频变压器
		高频变压器

几种变压器的外形如图 2.5.4 所示。

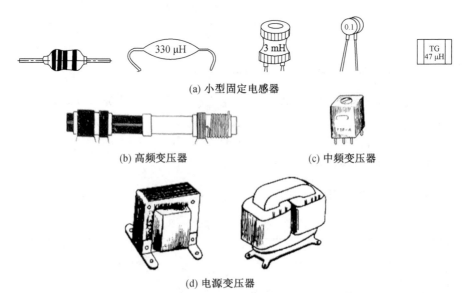

(a) 小型固定电感器

(b) 高频变压器　　　　　(c) 中频变压器

(d) 电源变压器

图 2.5.4　几种变压器的外形

2.5.3　电源变压器的特性参数

（1）工作频率

变压器铁芯损耗与频率关系很大，应根据使用频率来设计和使用，这种频率称为工作频率。

（2）额定功率

在规定的频率和电压下，变压器长期工作而不超过规定温升的输出功率。

（3）额定电压

额定电压是指在变压器的线圈上所允许施加的电压，工作时不得大于规定值。

（4）电压比

电压比是指变压器初级电压和次级电压的比值，有空载电压比和负载电压比的区别。

（5）空载电流

变压器次级开路时，初级仍有一定的电流，这部分电流称为空载电流。空载电流由磁化电流（产生磁通）和铁损电流（由铁芯损耗引起）组成。对于 50 Hz 电源变压器而言，空载电流基本上等于磁化电流。

（6）空载损耗

它是指变压器次级开路时，在初级测得的功率损耗。空载损耗的主要损耗是铁芯损耗，其次是空载电流在初级线圈铜阻上产生的损耗（铜损），这部分损耗很小。

（7）效率

它是指次级功率 P_2 与初级功率 P_1 的比值，即

$$\eta = \frac{P_2}{P_1} = \frac{P_2}{P_2 + P_{\mathrm{m}} + P_{\mathrm{C}}} \tag{2.4.5}$$

式中，P_{m}、P_{C} 分别为线圈铜损和铁芯磁损，单位为 W。通常变压器的额定功率愈大，效率愈高。

（8）绝缘电阻

它表示变压器各线圈之间、各线圈与铁芯之间的绝缘性能。绝缘电阻的大小与所使用的绝缘材料的性能、温度和潮湿程度有关。

2.5.4　音频变压器和高频变压器的特性参数

（1）频率响应

频率响应是指变压器次级输出电压随工作频率变化的特性。

（2）通频带

如果变压器在中间频率的输出电压为 U_{o}，当输出电压（输入电压保持不变）下降到 $0.707U_{\mathrm{o}}$ 时的频率范围，称为变压器的通频带 B。

（3）初、次级阻抗比

变压器初、次级接入适当的阻抗 R_o 和 R_i，使变压器初、次级阻抗匹配，则 R_o 和 R_i 的比值称为初、次级阻抗比。在阻抗匹配的情况下，变压器工作在最佳状态，传输效率最高。

2.5.5　变压器的简易测试与选用

2.5.5.1　变压器的测试

① 绝缘性能测试：用万用表欧姆挡 $R \times 10k$ 分别测量铁芯与初级、初级与各次级、铁芯与各次级、静电屏蔽层与初次级、次级各绕组间的电阻值，阻值应大于 100 kΩ 或表指针在无穷大处不动。否则，说明变压器绝缘性能不良。

② 测量绕组通断：用万用表 $R \times 1$ 挡，分别测量变压器一次、二次各个绕组间的电阻值，一般一次绕组的电阻值应为几十欧至几百欧，变压器功率越小，电阻值越小；二次绕组电阻值一般为几欧至几十欧，如某一组的电阻值为无穷大，则该组有断路故障。

③ 测量空载电流：将二次侧开路，测量一次侧电流，变压器一次侧空载电流为 100 mA 左右。如果超过太多，就说明变压器有短路故障。

④ 测量空载电压：将变压器一次侧接入 220 V 电压，分别测量二次侧电压，一般高压绕组的电压误差不超过 ±10%，低压绕组的电压误差不超过 ±5%，带中心抽头的两组对称绕组的电压误差不超过 ±2%。

2.5.5.2　变压器的选用

（1）选用原则

① 了解变压器的输出功率、输入和输出电压的大小及所接负载需要的功率。

② 根据电路要求选择其输出电压，使之与标称电压相符。其绝缘电阻应大于 500 kΩ，对于要求较高的电路应大于 1 000 kΩ。

③ 根据变压器在电路中的作用合理使用，必须知道其引脚与电路中各点的对应关系。

（2）变压器的代换

① 中频变压器的型号较多，基本上不能互换使用，损坏后应尽量选用同型号、同规格的变压器。

② 电源变压器的代换原则是同型号可以代换，也可选比原型号功率大但输出电压与原型号相同的进行代换，还可选用不同型号、不同规格、不同铁芯的变压器进行代换，但前提是比原型号功率稍大，输出电压相同（对特殊要求的电路除外）。

第 3 章

Multisim14 安装及菜单栏

教学提示

本章的主要内容为 Multisim14 安装、基本界面、菜单栏和工具栏等基础内容。

教学要求

初步掌握 Multisim14 安装,熟悉其基本界面、菜单栏和工具栏结构和功能。

教学方法

教师指导与学生自学相结合,以学生课外自学实操为主。

Multisim 是美国国家仪器公司(NI,National Instruments)推出的一款优秀的电子仿真软件。它是以 Windows 为基础的仿真工具,适用于板级的模拟/数字电路板的设计工作,易学易用。它包含了电路原理图的图形输入、电路硬件描述语言输入方式,具有丰富的仿真分析能力。

Multisim 的主要功能如下:

① Multisim 是一款用于原理电路设计、电路功能测试的虚拟仿真软件。

② Multisim 的元器件库提供数千种电路元器件。基本器件库包含电阻、电容等多种元器件,库中虚拟元器件的参数可以任意设置,非虚拟元器件的参数是固定的。

③ Multisim 的虚拟测试仪器仪表种类齐全,有通用仪器,如万用表、函数信号发生器、双踪示波器、直流电源;还有专用仪器,如波特图仪、逻辑分析仪变换、逻辑转换器、失真仪、频谱分析仪和网络分析仪等。

④ Multisim 有较为详细的电路分析功能,可以完成电路的瞬态和稳态、时域和频域、器件的线性和非线性、电路的噪声和失真、离散傅里叶变换、电路零极点、交直流灵敏度等电路分析,帮助设计人员分析电路的性能。

⑤ Multisim 可以设计、测试和演示各种电子电路,包括电工学、模拟电路、数字电路、射频电路及微控制器和接口电路等,可以对被仿真电路中的元器件设置各种故障,如开

路、短路和不同程度的漏电等,从而观察不同故障情况下的电路工作状况。在仿真时,还可以存储测试点的所有数据,列出被仿真电路的所有元器件清单,以及存储测试仪器的工作状态、显示波形和具体数据等。

Multisim 软件具有以下特点:设计与实验可以同步进行,即可以边设计边实验,修改调试方便;设计和实验用的元器件及测试仪器仪表齐全,可以完成各种类型的电路设计与实验;可方便地对电路参数进行测试和分析;可直接打印输出实验数据、测试参数、曲线和电路原理图;实验中不消耗实际的元器件,实验所需元器件的种类和数量不受限制,实验成本低、速度快、效率高;设计和实验成功的电路可以直接在产品中使用。

本章以 Multisim14 版本为例,介绍其安装方法及界面。

3.1　Multisim14 安装步骤

① 选中"Multisim14.0"压缩包,单击鼠标右键选择"解压到 Multisim14.0",如图 3.1.1 所示。

图 3.1.1　解压文件夹

② 双击鼠标左键打开解压后的"Multisim14.0"文件夹,如图 3.1.2 所示。

图 3.1.2　打开文件夹

③ 在"Multisim14.0"文件夹中,找到"NI_Circuit_Design_Suite_14_0",单击鼠标右键选择"以管理员身份运行",如图 3.1.3 所示。

图 3.1.3 打开安装包

④ 单击"确定"按钮,如图 3.1.4 所示。

图 3.1.4 单击"确定"按钮

⑤ 单击"Unzip"按钮,如图 3.1.5 所示。

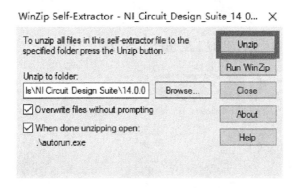

图 3.1.5 单击"Unzip"按钮

⑥ 等待软件安装(大约需 1 min),如图 3.1.6 所示。

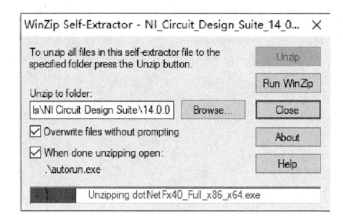

图 3.1.6 等待软件安装完成

⑦ 单击"确定"按钮,如图 3.1.7 所示。

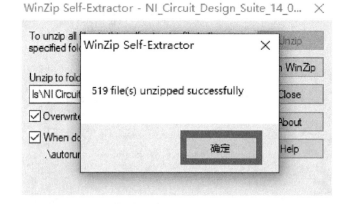

图 3.1.7 单击"确定"按钮

⑧ 单击"Install NI Cicuit Design Suite 14.0",如图 3.1.8 所示。

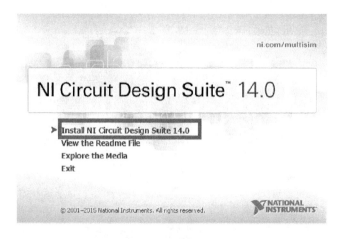

图 3.1.8 安装软件

⑨ "FullName"和"Organization"按需要填写名称,然后单击"Next"按钮,如图 3.1.9 所示。

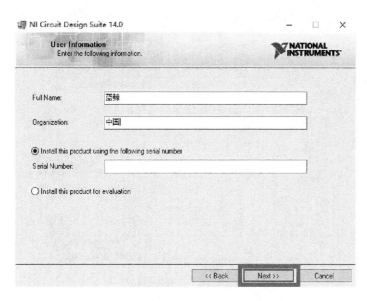

图 3.1.9　填写信息

⑩ 单击"否"按钮,如图 3.1.10 所示。

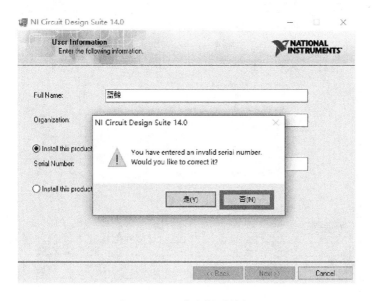

图 3.1.10　单击"否"按钮

⑪ 单击"Browse"更改软件的安装目录,建议安装在除 C 盘之外的其他磁盘,可以在 D 盘或者其他盘新建一个"Multisim14.0"文件夹,然后单击"Next"按钮,如图 3.1.11 所示。

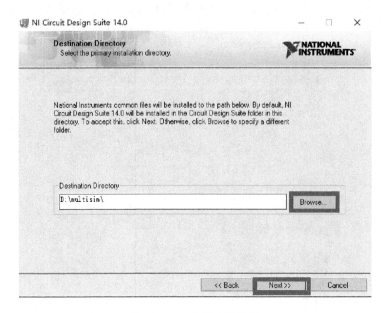

图 3.1.11　选择安装位置

⑫ 单击"Next"按钮,如图 3.1.12 所示。

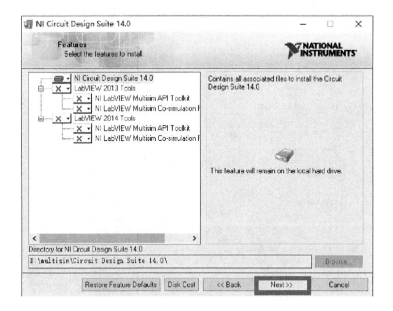

图 3.1.12　单击"Next"按钮

⑬ 单击"Next"按钮,如图 3.1.13 所示。

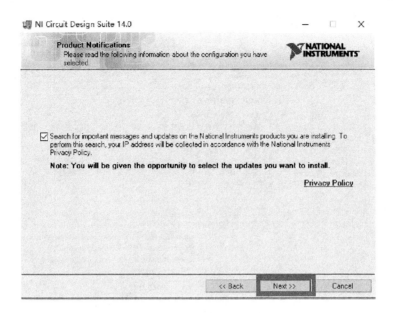

图 3. 1. 13　单击"Next"按钮

⑭ 单击"Next"按钮,如图 3. 1. 14 所示。

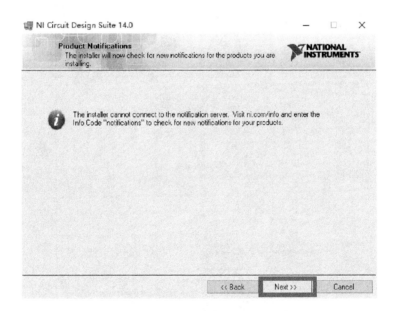

图 3. 1. 14　单击"Next"按钮

⑮ 选择"I accept the above 2 License Agreement(s).",然后单击"Next"按钮,如图 3. 1. 15 所示。

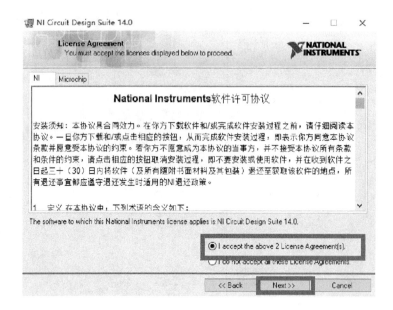

图 3. 1. 15　单击"Next"按钮

⑯ 单击"Next"按钮,如图 3. 1. 16 所示。

图 3. 1. 16　单击"Next"按钮

⑰ 等待软件安装(大约需要 10 min),如图 3. 1. 17 所示。

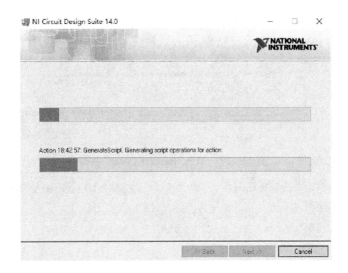

图 3. 1. 17　等待软件安装

⑱ 单击"Next"按钮,如图 3. 1. 18 所示。

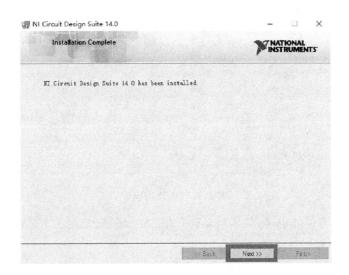

图 3. 1. 18　单击"Next"按钮

⑲ 单击"No"按钮,如图 3. 1. 19 所示。

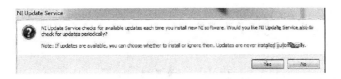

图 3. 1. 19　单击"No"按钮

⑳ 单击"Restart Later"按钮,如图 3. 1. 20 所示。

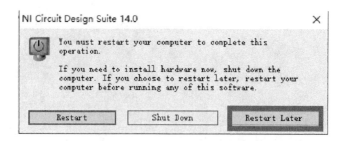

图 3.1.20　单击"Restart Later"按钮

㉑ 在最开始解压的"Multisim14.0"文件夹中，找到"NI License Activator 1.2"，鼠标右击选择"以管理员身份运行"，如图 3.1.21 所示。

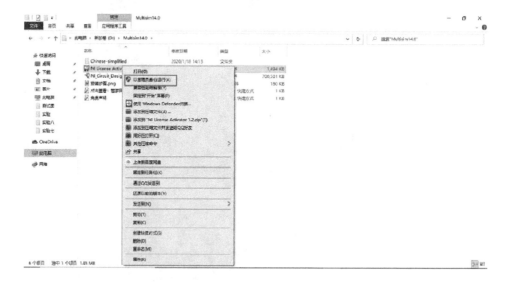

图 3.1.21　运行软件

㉒ 鼠标右击"Base Edition"，然后左键单击"Activate"，如图 3.1.22 所示。

图 3.1.22　单击"Activate"

㉓ 鼠标右击"Full Edition"，然后左键单击"Activate"，如图 3.1.23 所示。

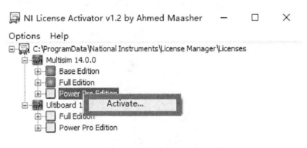

图 3. 1. 23　单击"Activate"

㉔ 鼠标右击"Power ProEdition",然后左键单击"Activate",如图 3. 1. 24 所示。

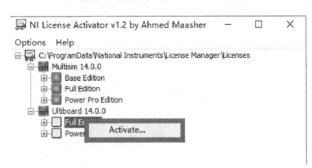

图 3. 1. 24　单击"Activeate"

㉕ 鼠标右击"Full Edition",然后左键单击"Activate",如图 3. 1. 25 所示。

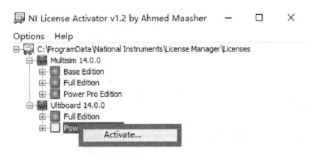

图 3. 1. 25　单击"Activeate"

㉖ 鼠标右击"Power ProEdition",然后左键单击"Activate",如图 3. 1. 26 所示。

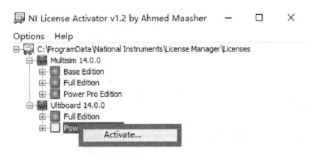

图 3. 1. 26　单击"Activeate"

㉗ 关闭"NI License Activator 1.2"，如图 3.1.27 所示。

图 3.1.27　单击"关闭"按钮

㉘ 在桌面双击打开"Multisim14"图标，如图 3.1.28 所示。

图 3.1.28　双击"Multisim14"图标

㉙ 软件运行界面，如图 3.1.29 所示。

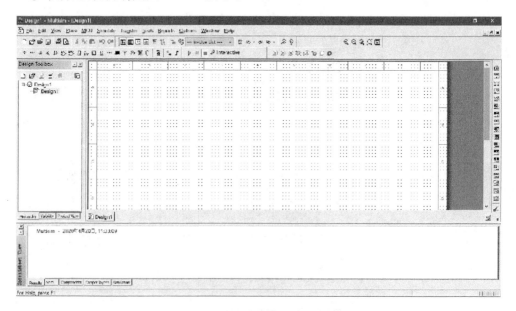

图 3.1.29　软件运行界面

3.2　Multisim14 菜单栏

3.2.1　Multisim14 主菜单

Multisim14 菜单栏有 12 个主菜单,如图 3.2.1 所示,菜单中提供了本软件几乎所有的功能命令。

| File | Edit | View | Place | MCU | Simulate | Transfer | Tools | Reports | Options | Window | Help |

图 3.2.1　Multisim14 主菜单

(1) File(文件菜单)

文件菜单提供文件操作命令,如打开、保存和打印等。文件菜单中的命令及功能如图 3.2.2 所示。

(2) Edit(编辑菜单)

编辑菜单在电路绘制过程中提供对电路和元器件进行剪切、粘贴、旋转等操作命令。编辑菜单中的命令及功能如图 3.2.3 所示。

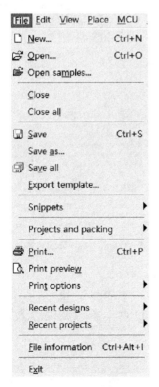

图 3.2.2　File(文件菜单)

图 3.2.3　Edit(编辑菜单)

（3）View（视图菜单）

视图菜单提供用于控制仿真界面上显示的操作命令。视图菜单中的命令及功能如图
3.2.4 所示。

（4）Place（绘制菜单）

绘制菜单提供在电路工作窗口内放置元器件、连接点、总线和文字等命令。绘制菜单
中的命令及功能如图 3.2.5 所示。

图 3.2.4 View（视图菜单）

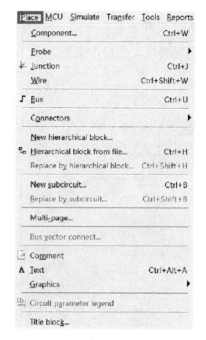

图 3.2.5 Place（绘制菜单）

（5）MCU（微控制器菜单）

MCU 菜单提供在电路工作窗口内 MCU 的调试操作命令。MCU 菜单中的命令及功能
如图 3.2.6 所示。

（6）Simulate（仿真菜单）

仿真菜单提供电路仿真设置与操作命令。仿真菜单中的命令及功能如图 3.2.7
所示。

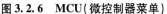

图 3.2.6　MCU(微控制器菜单)　　　　图 3.2.7　Simulate(仿真菜单)

(7) Transfer(转移菜单)

转移菜单提供传输命令。转移菜单中的命令及功能如图 3.2.8 所示。

(8) Tools(工具菜单)

工具菜单提供元器件和电路编辑或管理命令。工具菜单中的命令及功能如图 3.2.9 所示。

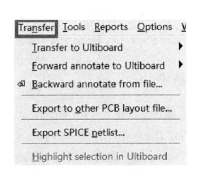

图 3.2.8　Transfer(转移菜单)　　　　图 3.2.9　Tools(工具菜单)

（9）Reports（报告菜单）

报告菜单提供材料清单报告命令。报告菜单中的命令及功能如图 3.2.10 所示。

（10）Options（选项菜单）

选项菜单包含"全局偏好""电路图属性"及"自定义界面"，可以对电路的某些功能进行设定。选项菜单中的命令及功能。如图 3.2.11 所示。

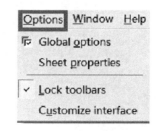

图 3.2.10　Reports（报告菜单）　　图 3.2.11　Options（选项菜单）

（11）Window（窗口菜单）

窗口菜单提供窗口操作命令。窗口菜单的命令及功能如图 3.2.12 所示。

（12）Help（帮助菜单）

帮助菜单为用户提供在线技术帮助和使用指导。帮助菜单中的命令及功能如图 3.2.13 所示。

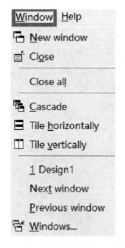

图 3.2.12　Window（窗口菜单）　　图 3.2.13　Help（帮助菜单）

3.2.2　Multisim14 文件菜单和仿真菜单

Multisim14 常用的工具栏有文件菜单和仿真菜单，如图 3.2.14 和图 3.2.15 所示。

打开文件单击"New"按钮，即可进行电路的搭建；单击"Open"按钮，可以打开以前保存过的电路搭建图；单击"Save""Save as""Save all"按钮，可以将搭建好的电路图进行保存。其中，单击"Save"按钮，将电路图保存到默认位置；单击"Save as"按钮，将电路图保存到指定位置;单击"Save all"按钮,将搭建好的多个电路图一起保存到指定位置;选择"Recent designs"和"Recent projects",显示最近设计的电路图和最近建立的项目;单击"Exit"按钮,将软件关闭。

　　实验电路搭建完毕,通过单击"Run"按钮进行仿真;需要记录数据时,单击"Pause"按钮后观察和记录数据;全部实验都完成之后,单击"Stop"按钮停止实验。

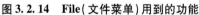

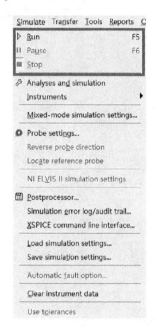

图 3.2.14　File(文件菜单)用到的功能　　　**图 3.2.15　Simulate(仿真菜单)用到的功能**

第 **4** 章

Multisim14 的元器件库

教学提示

本章主要介绍 Multisim14 元器件库,涉及元器件工具栏、元器件的操作、元器件的调取或放置、导线操作等内容。

教学要求

了解元器件库中可调取的元器件类型,熟练掌握元器件调取方法,包括元器件属性和参数修改等。

教学方法

教师指导与学生自学相结合,以学生课外自学实操为主。

4.1　元器件工具栏

Multisim14 提供了丰富的元器件库。元器件工具栏如图 4.1.1 所示。工具栏图标名称依次为:Sources(电源/信号源库)、Basic(基本元器件库)、Diodes(二极管库)、Transistors(晶体管库)、Analog(模拟集成电路库)、TTL(数字集成电路库)、CMOS(数字集成电路库)、Misc Digital(其他数字集成电路库)、Mixed(混合集成电路库)、Indicators(指示器件库)、Power(功率元器件库)、Misc(其他元器件库)、Advanced_Peripherals(高级外设库)、RF(元器件库)、Electro_Mechanical(机电器件库)、NI_Components(元器件库)、Connectors(芯片库)、MCU(微控制器库)。

图 4.1.1　元器件工具栏

　　单击元器件工具栏上的按钮就可以从元器件库里选取需要的元件。以基本元件库为例,单击"Basic"按钮,出现如图 4.1.2 所示的对话框,在"Family"中选择所用的元器件,在元器件中选择所用元器件的参数或型号,选好之后单击"OK"按钮,将元器件放置到合适位置。实验电路中所用的元器件均可通过这种方式进行查找和添加。

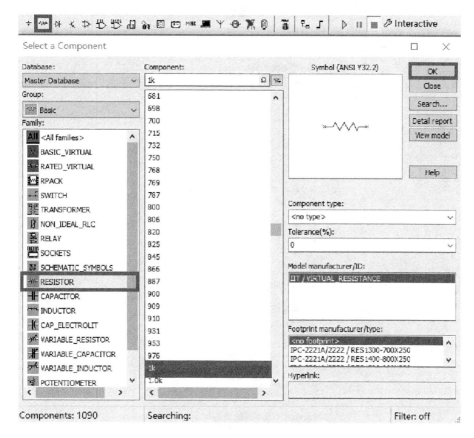

图 4.1.2　"添加元器件"对话框

4.2　元器件的基本操作

4.2.1　设置元器件标识、标称值、名称等字体

　　选择"Options"→"Sheet Properties"→"Font"(或者在电路窗口内单击鼠标右键选择"Font"选项)命令,可以为电路中显示的各类文字设置大小和风格,如图 4.2.1 和图 4.2.2 所示。

图 4.2.1 "字体"对话框

图 4.2.2 选择字体

4.2.2　元器件的搜索、报告与查看

4.2.2.1　"搜索"按钮

添加元器件界面有一个"Search"按钮,如图 4.2.3 所示。"Search"按钮的功能是搜索元器件。单击"Search"按钮,系统弹出"Component Search"对话框,如图 4.2.4 所示,在文本框中输入元器件的相关信息即可查找到需要的元器件。

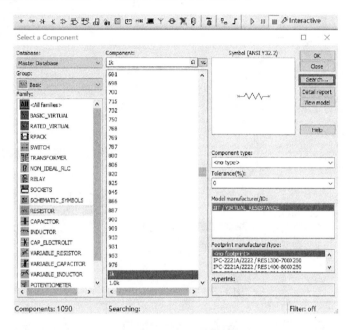

图 4.2.3　"搜索"按钮

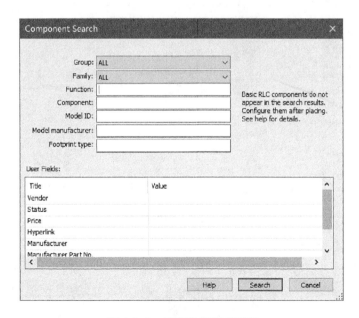

图 4.2.4　元器件搜索对话框

4.2.2.2 "详情报告"按钮

在选择元器件界面有一个"Detail report"按钮,如图4.2.5所示。"Detail report"按钮的功能是列出此元器件的详细列表,单击该按钮出现如图4.2.6所示的详情报告窗口。

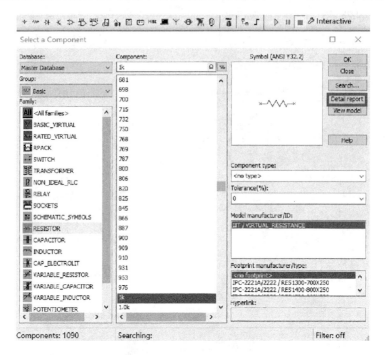

图4.2.5 "详情报告"按钮

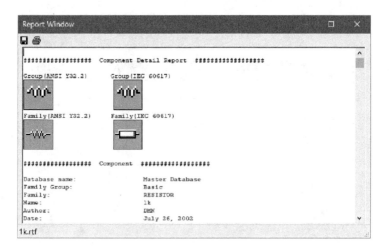

图4.2.6 报告窗口

4.2.3.3 "查看模型"按钮

在选择元器件界面有一个"View model"按钮,如图4.2.7所示。"View model"按钮的功能是列出此元器件的性能指标,单击此按钮出现如图4.2.8所示的模型数据报告窗口。

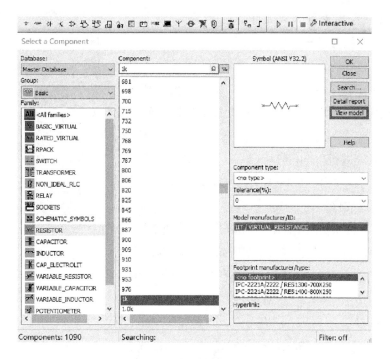

图 4.2.7　查看模型按钮

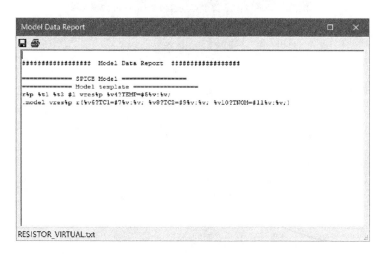

图 4.2.8　模型数据报告窗口

4.2.3　对选择的元器件操作

4.2.3.1　移动一个已经放好的元器件

可以用下列任一方法将已经放好的元器件移到其他位置：

① 用鼠标拖动这个元器件。

② 选中元器件，按住键盘上的箭头键可以使元器件上下左右移动。

4.2.3.2 复制/替换已放置好的元器件

（1）复制已放置好的元器件

选中已放置好的元器件，然后单击鼠标右键，从弹出的菜单中选择"Copy"命令，如图 4.2.9 所示。被复制的元器件的影像跟随光标移动，在合适的位置单击鼠标放下元器件。元器件被放下后，可以用鼠标把它拖到其他位置，或者通过快捷键进行"Cut"剪切（【Ctrl】+【X】）、"Copy"复制（【Ctrl】+【C】）和"Paste"粘贴（【Ctrl】+【V】）操作。

（2）替换已放好的元器件

选中此元器件，并双击或使用【Ctrl】+【M】快捷键，出现元器件属性对话框，如图 4.2.10 所示。使用窗口左下方的"Replace"按钮可以很容易地替换已经放好的元器件。

在图 4.2.10 所示的属性对话框中，还可进行 Label（标签）、Display（显示）、Value（值）、Fault（故障）、Pins（引脚）、Variant（变体）、User fields（用户字段）等多项设置。

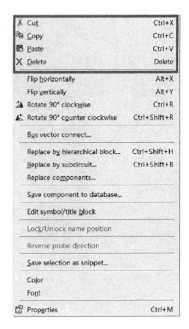

图 4.2.9　命令选择框

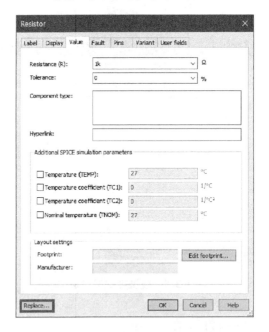

图 4.2.10　元器件属性对话框

4.2.3.3 元器件的旋转与反转

先选中该元器件，然后单击鼠标右键或者选择菜单栏中的"Edit"菜单，选择菜单中的方向，再根据需要将所选择的元器件顺时针旋转 90°（Rotate 90° clockwise）或逆时针旋转 90°（Rotate 90° counter clockwise），进行水平翻转（Flip horizontally）或垂直翻转（Flip vertically）等操作，如图 4.2.11 所示。

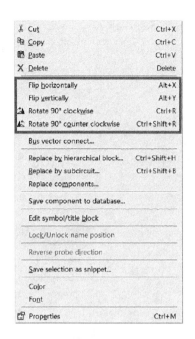

图 4.2.11 "旋转与反转"命令选择框

4.2.3.4 设置元器件的颜色

元器件的颜色和电路窗口的背景颜色可以设置打开"Options"→"Sheet"→"Colors"窗口,要更改一个放好的元器件的颜色,可以在该元器件上单击鼠标右键,在弹出的菜单中选择"Color"选项,从调色板中选择一种颜色,再单击"OK"按钮,元器件即变成该颜色,如图 4.2.12 和图 4.2.13 所示。

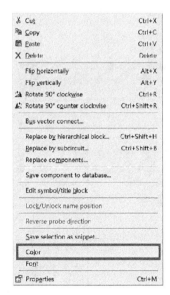

图 4.2.12 "颜色"命令选择对话框

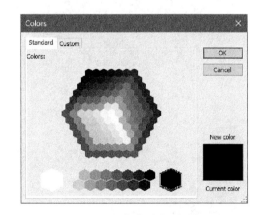

图 4.2.13 颜色选择对话框

4.2.3.5 在电路中寻找元器件

选择菜单"Edit"→"Find"命令,如图 4.2.14 所示,可以在电路窗口中快速查找元器件,系统弹出查找对话框,如图 4.2.15 所示。

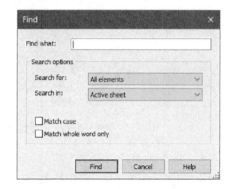

图 4.2.14 "查找"命令选择框　　　图 4.2.15 "查找"对话框

在对话框内输入要查找的元器件名称,单击"Find"按钮,查找结果将显示在电路窗口下方出现的扩展页栏中,如图 4.2.16 所示。双击查找结果,查找到的器件将在电路图中突出显示出来,而电路图其他部分则变为灰色显示,如图 4.2.17 所示。若需要电路图恢复正常显示状态,在电路图中任意地方单击鼠标即可。

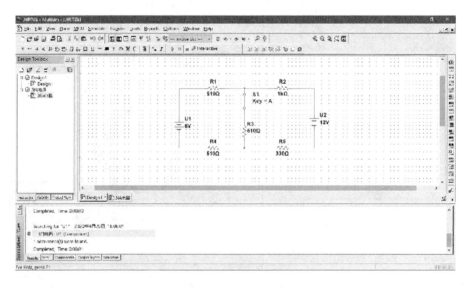

图 4.2.16 查找元器件

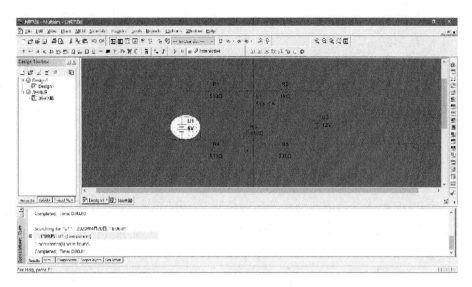

图 4.2.17　突出显示查找结果

在扩展栏的"Components"选项卡中,当前电路中的元器件信息以表格的形式提供给用户,如图 4.2.18 所示。按下【Shift】键可以选择多个元器件,此时所有被选中的元器件在电路窗口中也将被选中。

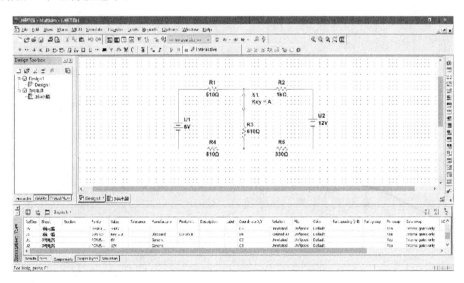

图 4.2.18　"Components"选项卡

4.2.3.6　元器件的标识

Multisim 为元器件、网络和引脚分配了标识,用户可以更改、删除元器件或网络的标识。这些标识可在元器件编辑窗口中设置,也可以为标识选择字体风格和大小。

（1）更改元器件属性

对大多数的元器件来讲,标识和流水号由 Multisim14,也可以在元器件属性对话框"Label"选项卡中指定。

双击元器件,出现元器件属性对话框后,再单击"Label"选项卡,为调用的元器件指定标识和流水号,如图4.2.19所示。

可在"RefDes"文本框和"Label"文本框中输入或修改标识和流水号(只能由数字和字母构成,一不允许有特殊字符或空格);可在"Attributes"列表框中输入或修改元器件特性(可以进行任意命名和赋值)。例如,可以将元器件命名为制造商的名字,也可以是个有意义的名称。在"Show"复选框中可以选择需要显示的属性,相应的属性即和元器件一起显示出来。退出修改,单击"Cancel"按钮;保存修改,单击"OK"按钮。

(2)更改导线的网络编号

Multisim14自动为电路中的网络分配网络编号,用户也可以更改或移动这些网络编号。更改网络编号方法:双击导线,出现网络属性对话框,如图4.2.20所示。可以在此对网络进行设置,保存设置,单击"OK"按钮;否则,单击"Cancel"按钮。

图4.2.19 "Label"标签对话框

图4.2.20 修改网络编号对话框

(3)添加备注

Multisim14允许用户为电路添加备注,如说明电路中某一特殊部分等。

添加备注的步骤如下:首先,选择菜单"Place"→"Text"命令,如图4.2.21所示。然后单击想要放置文本的位置,出现光标,在光标位置输入文本,单击电路窗口的其他位置,结束文本输入。

(4)添加说明

除了给电路的特殊部分添加文字说明外,还可以为电路添加一般性的说明内容,这些内容可以被编辑、移动或打印。在一张电路图里可以按需要放置多处文字,而"说明"是独立存放的文字,并不出现在电路图里,其功能是对整张电路图进行说明,所以一张电路图里只有一个说明。添加说明的步骤如下:

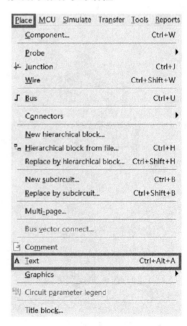

图4.2.21 "添加备注"命令选择框

① 选择菜单"Tools"→"Title Block Editor"命令,出现添加文字说明的对话框,如图 4.2.22 所示。

② 在对话框中直接输入文字。

③ 输入完成后,单击"关闭"按钮退出文字说明编辑窗口,返回电路窗口。单击电路窗口页直接切换到电路窗口,无须关闭文字说明编辑窗口。

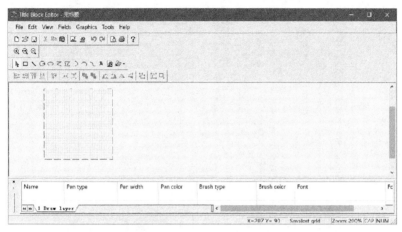

图 4.2.22　"Title Block Editor(标题块编辑器)"对话框

4.3　放置元器件

4.3.1　放置电阻与电位器

4.3.1.1　放置电阻

双击桌面的 Multisim14 图标,出现如图 4.3.1 所示的界面。

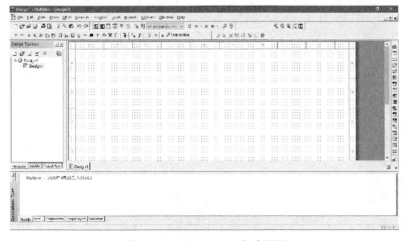

图 4.3.1　Multisim14 启动页面

单击元器件工具栏中的"Basic"按钮,弹出"Select a Component"对话框,如图4.3.2所示。在"Family"里选择"RESISTOR"系列,在"Component"里选择"1k",单击"OK"按钮,将电阻拖到电子平台上合适的位置。继续单击"OK"按钮,拖出电路所需所有固定电阻,将其放置在平面上。也可采用调出一个电阻后,通过"Copy(复制)""Paste(粘贴)"的方法放置其他电阻。

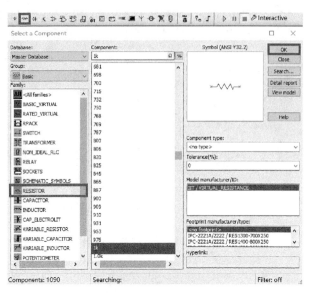

图4.3.2　选择电阻

双击其中任意一个电阻,弹出"Resister"对话框,单击"Value"标签下"Resistance"栏右侧的下拉箭头,拉动滚动条选取"10k",或者将"1k"拖黑,直接修改为"10k",单击对话框下方"OK"按钮退出,就可以将电阻R由原来的"1 kΩ"修改为"10 kΩ",如图4.3.3所示。单击"Label"将参考标识"R1"修改为所要求的电阻名称,如"R2",如图4.3.4所示。

(a) 修改前　　　　　　　　　(b) 修改后

图4.3.3　修改电阻值

(a) 修改前　　　　　　　　　　　　　　(b) 修改后

图 4.3.4　修改电阻的标签

4.3.1.2　放置电位器

单击元器件工具栏中的"Basic"按钮,弹出"Select a Component"对话框。在"Family"里选择"POTENTIOMETER"系列,在"Component"里选择任意一个阻值,单击"OK"按钮,将电位器拖到电子平台上合适的位置,如图 4.3.5 所示。

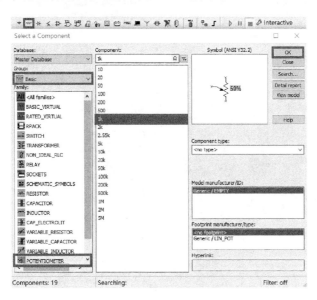

图 4.3.5　选择电位器

双击电位器图标,弹出电位器对话框,修改电位器参数为"10 kΩ",如图 4.3.6 所示。单击"Label"将参考标识"R1"修改为电路图中电位器的名称,如"RB",如图 4.3.7 所示。鼠标移近电位器时将出现电位器的滑动槽和滑动块,如图 4.3.8 所示。按住鼠标左键使

电路分析仿真与实验教程

滑动块在滑动槽中左右移动,同时电位器的百分比随之变化,从而改变电位器阻值(按键盘上的"A"键同样能改变电位器的百分比和阻值)。

(a) 修改前　　　　　　　　　(b) 修改后

图 4.3.6　修改电位器值

(a) 修改前　　　　　　　　　(b) 修改后

图 4.3.7　修改电位器的标签

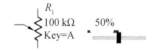

图 4.3.8　用鼠标控制电位器

086

4.3.2　放置电容与电感

4.3.2.1　放置电容

单击元件工具栏中的"Basic"按钮,弹出"Select a Component"对话框,如图 4.3.9 所示。在"Family"里选择"CAPACITOR"系列,在"Component"里选择"1 μ",单击"OK"按钮,将电容拖到电子平台上合适的位置。双击电容 C_1 弹出电容对话框,如图 4.3.10 所示,在"Value"标签下"Capacitance"栏中将"1 μF"修改为"3 300 pF",同时,修改电容标签,如图 4.3.11 所示。

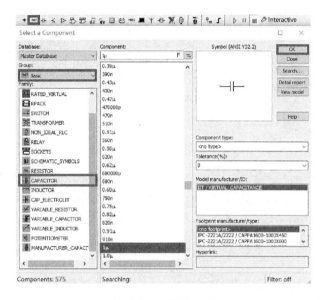

图 4.3.9　选择电容

（a）修改前　　　　　　　　　　　（b）修改后

图 4.3.10　修改电容值

(a) 修改前　　　　　　　　　　　　　　(b) 修改后

图 4.3.11　修改电容标签

4.3.2.2　放置电感

单击元器件工具栏中的"Basic"按钮,弹出"Select a Component"对话框,如图 4.3.12
所示,在"Family"里选择"INDUCTOR"系列,在"Component"里选择"1 m",单击"OK"按
钮,将电感拖到电子平台上合适的位置。双击电感 L_1 弹出电感对话框,在"Value"标签下
"Inductance(L)"栏中将"1 mH"修改为"30 mH",如图 4.3.13 所示。

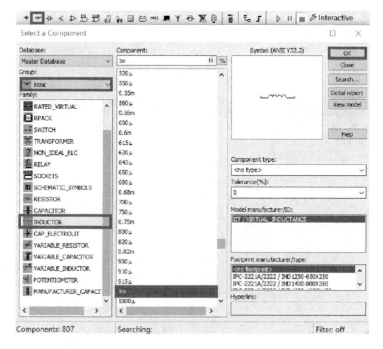

图 4.3.12　选择电感

(a) 修改前　　　　　　　　　　　　(b) 修改后

图 4.3.13　修改电感值

4.3.3　放置晶体管

4.3.3.1　放置开关二极管

单击元器件工具栏中的"Diodes"按钮,弹出"Select a Component"对话框,如图 4.3.14 所示。在"Family"里选择"SWITCHING_DIODE",在"Component"里选择"1N4148",单击 "OK"按钮,将开关二极管拖到电子平台上合适的位置。

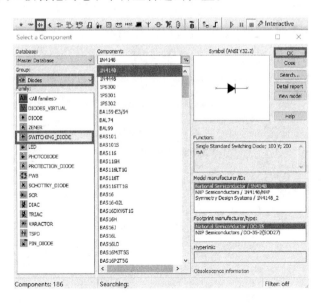

图 4.3.14　放置开关二极管

4.3.3.2　放置稳压二极管

单击元器件工具栏中的"Diodes"按钮,弹出"Select a Component"对话框,如图 4.3.15

所示。在"Family"里选择"ZENER",在"Component"里选择"1N4097",单击"OK"按钮,将稳压二极管拖到电子平台上合适的位置。

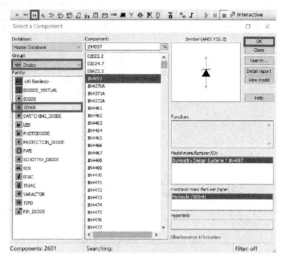

图 4.3.15　放置稳压二极管

4.3.4　放置电源

4.3.4.1　放置直流电源

单击元器件工具栏中的"Sources"按钮,弹出"Select a Component"对话框,如图 4.3.16 所示,在"Family"里选择"POWER_SOURCES",在"Component"里选择"DC_POWER(直流电源)",单击"OK"按钮,将直流电源拖到电子平台上合适的位置。单击"DC_POWER"图标,在打开的对话框"Value"标签下"Voltage(V)"栏中将"12 V"修改为"6 V",如图 4.3.17 所示,其余直流电源值也按照此方法修改。

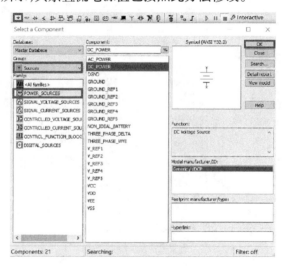

图 4.3.16　选择直流电源

(a) 修改前　　　　　　　　　　　(b) 修改后

图 4.3.17　修改直流电压值

4.3.4.2　放置交流电源

单击元器件工具栏中的"Sources"按钮,弹出"Select a Component"对话框,如图 4.3.18 所示,在"Family"里选择"POWER_SOURCES",在"Component"里选择"AC_POWER",单击"OK"按钮,将交流电源拖到电子平台上合适的位置。单击"AC_POWER"图标,在打开的对话框"Value"标签下"Voltage(V)"栏中将"120 V"修改为"220 V",如图 4.3.19 所示。其余交流电源值也按照此方法修改。

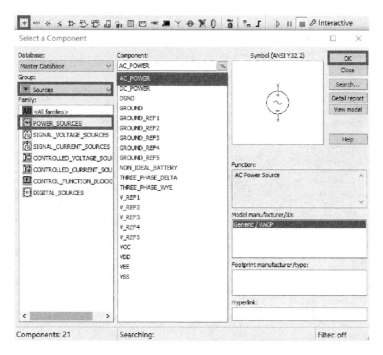

图 4.3.18　选择交流电源

(a) 修改前　　　　　　　　　　　　　　(b) 修改后

图 4.3.19　修改交流电压的值

4.3.4.3　放置直流电流源

单击元器件工具栏中的"Sources"按钮,弹出"Select a Component"对话框,如图 4.3.20 所示,在"Family"里选择"SIGNAL_CURRENT_SOURCES",在"Component"里选择"DC_CURRENT",单击"OK"按钮,将直流电流源拖到电子平台上合适的位置。双击直流电流源图标,如图 4.3.21 所示,在打开的对话框"Value"标签下"Current(I)"栏中,在"Current"中将"1A"修改为"10 mA",同时修改直流电流源标签,如图 4.3.22 所示。

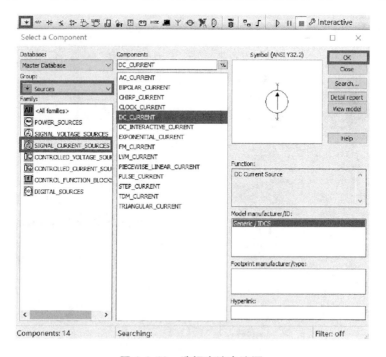

图 4.3.20　选择直流电流源

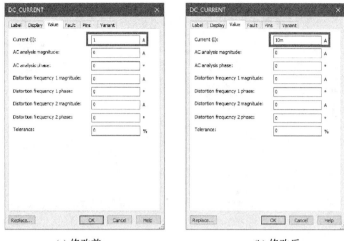

(a) 修改前　　　　　　　　　　(b) 修改后

图 4.3.21　修改直流电流的值

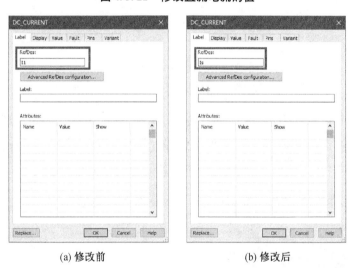

(a) 修改前　　　　　　　　　　(b) 修改后

图 4.3.22　修改直流电流源标签

4.3.5　放置开关和地线

4.3.5.1　放置开关

单击元器件工具栏中的"Basic"按钮,弹出"Select a Component"对话框,在"Family"中选择"SWITCH",在"Component"中选择"DIPSW1",如图 4.3.23 所示,单击"OK"按钮,将开关放在适当位置。同样,可在此界面选择开关"SPDT"。

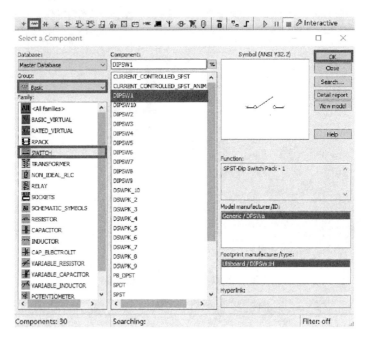

图 4.3.23　开关放置窗口

4.3.5.2　放置地线

单击元器件工具栏中的"Sources"按钮,弹出"Select a Component"对话框,如图 4.3.24 所示,在"Family"里选择"POWER _SOURCES",在"Component"中选择 "GROUND",单击"OK"按钮,将地线拖到电子平台上合适的位置。

图 4.3.24　放置地线

4.3.6　放置灯泡

4.3.6.1　放置 12V_25W 白炽灯泡

单击元器件工具栏中的"Indicators"按钮,弹出"Select a Component"对话框,如图4.3.25 所示。在"Family"里选择"LAMP",在"Component"中选择"12V_25W",单击"OK"按钮,将其移动到电子平台的合适位置。

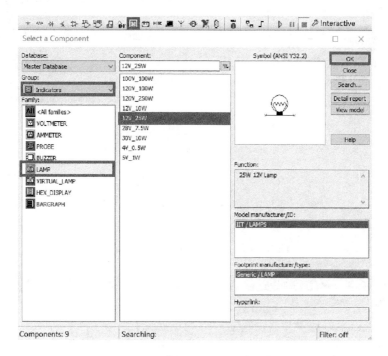

图 4.3.25　放置 12V_25W 白炽灯泡

4.3.6.2　放置 220V_25W 白炽灯泡

单击元器件工具栏中的"Indicators"按钮,弹出"Select a Component"对话框,如图4.3.26 所示。在"Family"里选择"VIRTUAL_LAMP",在"Component"中选择"LAMP_VIR-TUAL",单击"OK"按钮,将其移动到电子平台的合适位置。双击灯泡 X1,弹出灯泡对话框,在"Value"标签下"Maximum rated voltage"栏中将"12 V"修改为"220 V",在"Maximum rated power"栏中将"10"修改为"25",如图 4.3.27 所示。

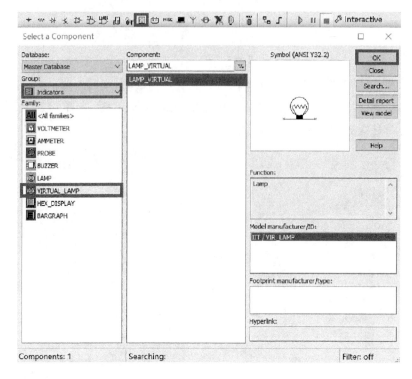

图 4.3.26　放置 220V_25W 白炽灯泡

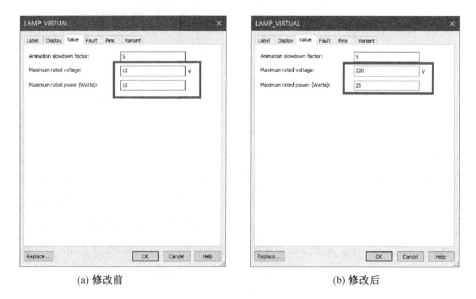

(a) 修改前　　　　　　　　　　　　(b) 修改后

图 4.3.27　修改灯泡的值

4.3.7　放置可变电阻器

单击元器件工具栏中的"Basic"按钮,弹出"Select a Component"对话框,如图4.3.28所示。在"Family"中选择"VARIABLE_RESISTOR"系列,在"Component"中选择"1k",单

击"OK"按钮,将可变电阻器拖到电子平台上合适的位置。双击可变电阻器 $R1$,弹出可变电阻器对话框,如图 4.3.29 所示,在"Value"标签下"Resistence"栏中将"1k"修改为"10k"。同时,修改可变电阻器调节增量,如图 4.3.30 所示,在"Increment"栏中将"5"改为"1",同样也可在此设置调节增量为 0.1% 。

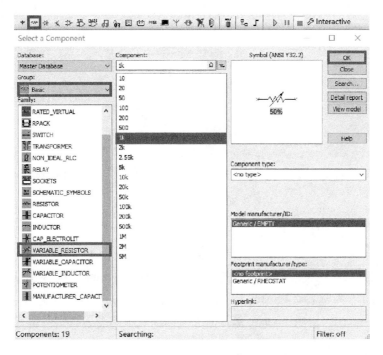

图 4.3.28　放置可变电阻器

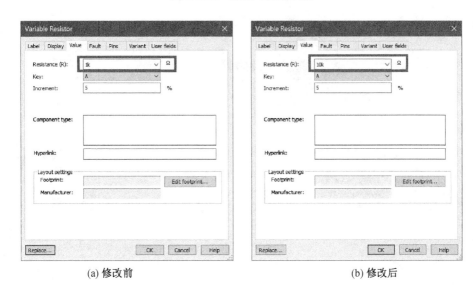

(a) 修改前　　　　　　　　　　　(b) 修改后

图 4.3.29　修改可变电阻器阻值

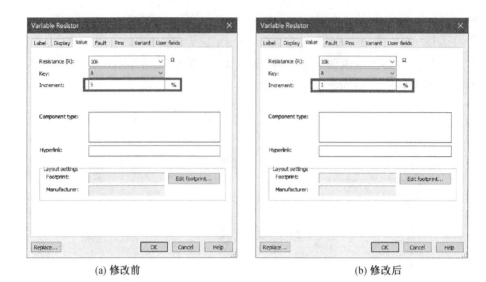

(a) 修改前　　　　　　　　　　　　　(b) 修改后

图 4.3.30　修改可变电阻器增量

4.3.8　放置运算放大器

单击元器件工具栏中的"Analog"按钮,弹出"Select a Component"对话框,如图 4.3.31
所示,在"Family"中选择"ANALOG_VIRTUAL",在"Component"中选择"OPAMP_3T_
VIRTUAL",单击"OK"按钮,将虚拟运算放大器拖到电子平台上合适的位置。

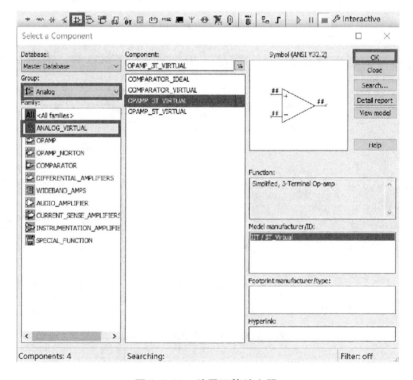

图 4.3.31　放置运算放大器

4.4　导线的操作

4.4.1　导线的连接

在两个元器件之间,首先将鼠标指向一个元器件的端点,此时光标变成" + "符号,按下鼠标左键拖曳出一根导线,拉住导线指向另一个元器件的端点,使光标变成" + "符号,释放鼠标左键,则导线连接完成。连接完成后,导线将自动选择合适的走向,不会与其他元器件或仪器发生交叉。

4.4.2　连线的删除

方法一:将鼠标指向元器件与导线的连接点,此时光标变成" + "符号,按下鼠标左键拖曳该圆点使导线离开元器件端点,释放左键,导线自动消失,完成连线的删除。

方法二:选中要删除的连线,然后按【Delete】键或者在连线上单击鼠标右键,再从弹出的菜单中选择"Delete"命令。

4.4.3　修改连线路径

修改已经画好的连线的路径:选中连线,在连线上会出现一些拖动点;把光标放在任一点上,按住鼠标左键拖动此点,可以更改连线路径,或者在连线上移动鼠标箭头,当它变成双箭头时按住左键并拖动,也可以改变连线的路径。用户可以添加或删除拖动点以便更自由地控制导线的路径:按【Ctrl】键,同时单击想要添加或去掉的拖动点的位置,如图4.4.1 所示。

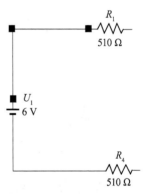

图 4.4.1　修改连线路径

4.4.4　设置连线颜色

连线的默认颜色是在" Options " → " Sheet properties " → "Colors"窗口中设置的。改变已设置好的连线颜色,可以在连线上单击鼠标右键,然后在弹出的菜单中选择"Segment Color"命令,在调色上选择想要的颜色再单击"OK"按钮,如图4.4.2和图4.2.13所示。改变当前电路的颜色配置(包括连线颜色),只需在电路窗口单击鼠标右键,然后在弹出的菜单中更改颜色配置。

图 4.4.2　命令选择框

4.5　手动添加结点

如果从一个既不是元器件引脚也不是结点的地方连线,就需要添加一个新的结点。当两条线连接起来的时候,Multisim14 会自动地在连接处增加一个结点,以区分简单的连线交叉的情况。

手动添加一个结点的步骤如下:

① 选择菜单"Place"→"Junction"命令,鼠标箭头的变化表明准备添加一个结点,如图 4.5.1 所示。

② 单击连线上想要放置结点的位置,在该位置出现一个结点。

③ 与新的结点建立连接:把光标移近结点,直到它变为"+"形状。单击鼠标左键,可以从结点到目标位置画出一条连线。

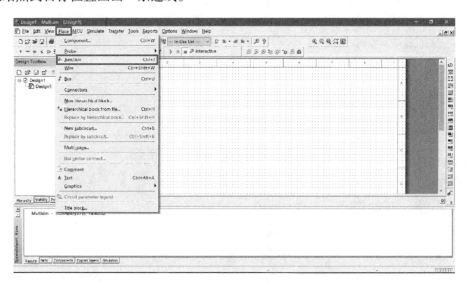

图 4.5.1　手动添加一个结点命令选择框

第 5 章

Multisim14 创建电路原理图的基本操作

教学提示

本章主要内容涉及创建电路窗口与电路连接等内容。

教学要求

熟练掌握创建电路窗口的方法,熟练掌握电路连接的方法和过程。

教学方法

教师指导与学生自学相结合,以学生课外自学实操为主。

5.1　创建电路窗口

运行 Multisim14 软件,自动打开一个空白的电路窗口。电路窗口是用户放置元器件、创建电路的工作区域,用户也可以通过单击工具栏中的"新建"按钮 □(或按下【Ctrl】+【N】组合键),新建一个空白的电路窗口。

注　意

可利用工具栏中的缩放工具 ⊖⊖⊝⊖▣,在不同比例模式下查看电路窗口,鼠标滑轮也可实现电路窗口的缩放;按住【Ctrl】键同时滚动鼠标滑轮,可以实现电路窗口的上下滚动。

Multisim14 软件允许用户创建符合自己要求的电路窗口,其中包括界面的大小、网格、页数、页边框、纸张边界及标题框是否可见及符号标准(美国标准或欧洲标准)。

初次创建一个电路窗口时,使用的是默认选项。用户可以对默认选项进行修改,新的设置会和电路文件一起保存,这就可以保证用户设计的每一个电路都有不同的设置。如果在保存新的设置时设定了优先权,那么当前的设置不仅会应用于正在设计的电路,而且会应用于此后将要设计的系列电路。

5.1.1　设置界面大小

① 选择菜单"Options"→"Sheet properties"→"Workspace"(或者在电路窗口内单击鼠标右键,选择"Properties"→"Workspace")命令,如图 5.1.1 和图 5.1.2 所示,系统弹出图 5.1.3 所示的工作区对话框。

② 从"Sheet size"下拉列表框中选择界面尺寸。这里提供了几种常用型号的图纸供用户选择。选定下拉框中的纸张型号后,与其相关的宽度、高度将显示在右侧"Custom size"选项组中。

③ 若想自定义界面的尺寸,可在"Custom size"选项组内设置界面的宽度和高度值,根据用户习惯,单位可选择英寸或厘米;另外,在"Orientation"选项组内,可设置纸张放置的方向为横向或者竖向。

④ 设置完毕后单击"OK"按钮确认,若取消设置则单击"Cancel"按钮。选中"Save as default"复选框,可将当前设置保存为默认设置。

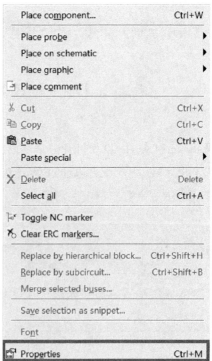

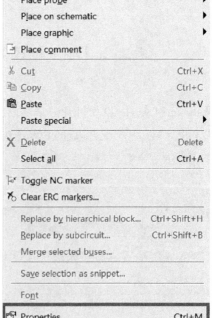

图 5.1.1　菜单栏选项框　　　　图 5.1.2　右键快捷选项框

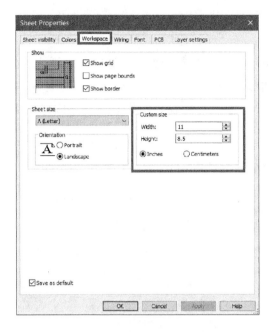

图 5.1.3　工作区对话框

5.1.2　显示／隐藏表格、标题框和页边框

Multisim14 的电路窗口中可以显示或隐藏背景网格、页边界和边框。更改了设置的电路窗口的示意图显示在选项左侧的"Show"选项组中。选择菜单"Options"→"Sheet properties"→"Workspace"命令,如图 5.1.4 所示。

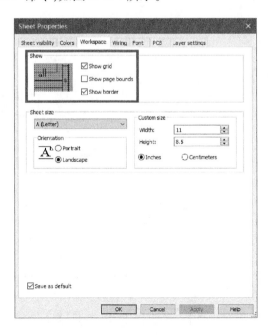

图 5.1.4　显示对话框

① 选中"Show grid"选项:电路窗口中将显示背景网格,用户可以根据背景网格对元器件进行定位。

② 选中"Show page bounds"选项:电路窗口中将显示纸张边界,纸张边界决定了界面的大小,为电路图的绘制限定了一个范围。

③ 选中"Show border"选项:电路窗口中将显示电路图边框,该边框为电路图提供了一个标尺。

5.1.3 选择电路颜色

选择菜单"Options"→"Sheet properties"→"Colors"命令,系统弹出"Sheet Properties"对话框,如图5.1.5所示。用户可以在"Colors"选项组内下拉列表框中选取预设的颜色配置方案,也可以在下拉列表框中选择"Color scheme"选项,自定义一种自己喜欢的颜色配置。

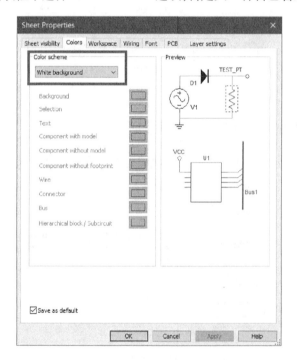

图 5.1.5　颜色对话框

5.2　电路的连接

5.2.1　元器件的连接

任何元器件引脚上都可以引出一条连接电路,并且这条电线也一定能连接到另外一条电线上。如果一个元器件的引脚靠近另外一条电线或者另外一个元器件的引脚,连接会自动产生。

元器件的连接步骤如下：

步骤 1：用鼠标左键按住欲连接的元器件，拖动并靠近被连接的元器件引脚或被连接的电线。

步骤 2：当两个元器件的引脚相接处或者引脚与电线相接处出现一个小红圆点时，释放鼠标左键，小红点消失。

步骤 3：按下鼠标左键，将元器件拖离至适当位置，连接线自动出现。

元器件的连接也可按如下步骤实现：

步骤 1：将鼠标指向某元器件的一个端点，鼠标消失，在元器件端点处出现一个带十字花的小圆黑点。

步骤 2：单击鼠标左键，移动鼠标，沿网格引出一条黑色的虚直线或折线。

步骤 3：将鼠标拉向另一元器件的一个端点，并使其出现一个小圆红点。

步骤 4：再单击鼠标左键，虚线变为红色，实现这两个元器件之间的有效连接。

5.2.2　元器件间连线的删除与改动

元器件间连线的删除步骤如下：

步骤 1：右击欲删除的连线，该连线被选中，在连接点及拐点处出现蓝色的小方点，并打开连线处置对话框。元器件间连线的选中与处置对话框如图 5.2.1 所示。

步骤 2：单击"Delete"命令，对话框及连接线消失。改动元器件间连线，在删除原连线后重新进行。

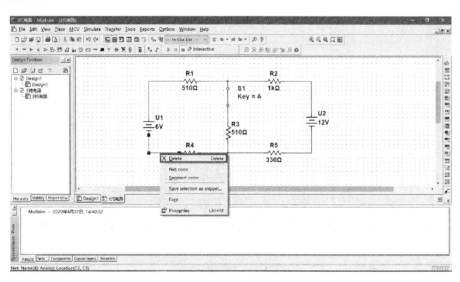

图 5.2.1　元器件间连线的选中和处置对话框

5.2.3 元器件连接点的作用

（1）三个元器件连接

将三个元器件连接在一起时，元器件连接处会自动出现一个小红圆点，表示两条线是相连的，如图5.2.2所示。

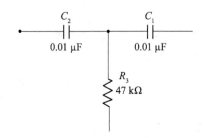

图5.2.2 三个元器件连接

（2）四个元器件两两相连

如图5.2.3所示，四个元器件两两相连，两条线相互交叉但并不相连，是绝缘的。

（3）四个元器件交叉连接

单击"Place"，打开下拉菜单，单击"Junction"命令，随鼠标拖出一个中间带花的黑色连接点（呈灰色），将其拖至两线交叉点处，单击鼠标，元器件连接点被放下并变成红色，则两条线变为相互连接的，如图5.2.4所示。

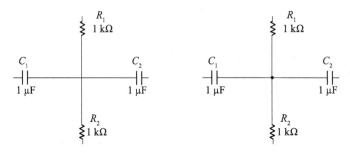

图5.2.3 四个元器件两两连接　　　**图5.2.4 四个元器件连接**

（4）多元器件连接

像图5.2.2那样，先将第三个元器件与前两个元器件连接，再将第四个元器件与前三个元器件的连接点相接。不用特意提取连接点，也可以实现四个元器件的连接。

每一个连接点最多只能与四个元器件连接。当五个及以上元器件相接时，连接线上至少有两个连接点。

电线的任何位置都可以放置连接点，并引出支线。

5.2.4 改变导线的颜色

在复杂的电路中，将连接线设置为不同的颜色，有助于电路图的识别。将连接于示波

器或逻辑分析仪的连线设置为不同的颜色,可以使显示的波形呈不同的颜色,方便波形的
对比和分析。

改变导线颜色步骤如下:

步骤 1:右击欲改变颜色的连线,打开如图 5.2.5 所示的
处置对话框。

步骤 2:单击"Segment color"命令,打开颜色选择对话框,
如图 4.2.13 所示。

步骤 3:在颜色选择对话框所列的颜色中选择任何种颜
色,单击"OK"按钮,导线颜色就会按要求改变。

图 5.2.5　处置对话框

5.3　添加文本说明

用户常常需要对设计文件添加标题栏,或对某些局部电路或器件添加文字说明等。

5.3.1　添加标题栏

添加标题栏的步骤如下:

步骤 1:单击"Place"→"Title block",打开如图 5.3.1 所示的标题样本文件夹。

步骤 2:从所列模式中任选其一,单击"打开"按钮,所选标题栏即随鼠标移动,通常置
于工作区的左上方位置,松开鼠标左键,默认的标题栏如图 5.3.2 所示。

步骤 3:若要添加或修改标题信息,可用右击标题栏,打开如图 5.3.3 所示的标题处置
对话框。

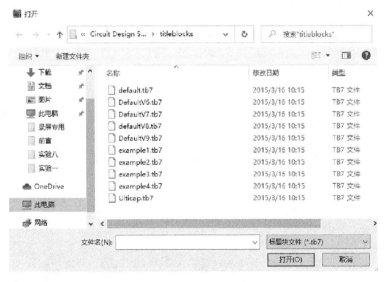

图 5.3.1　标题样本文件夹

图 5.3.2　添加标题栏

图 5.3.3　标题处置对话框

步骤 4：双击标题块，打开如图 5.3.4 所示的标题块编辑对话框。

步骤 5：在"Title Block"对话框中，输入工程名称、电路名称、设计人员、时间、编号及批准、审核等信息，然后单击"OK"按钮确认。

步骤 6：若要对标题信息进行加工，右击标题栏，选择"Edit symbol"命令，即打开标题块编辑窗口，如图 5.3.5 所示。

图 5.3.4　标题块编辑对话框

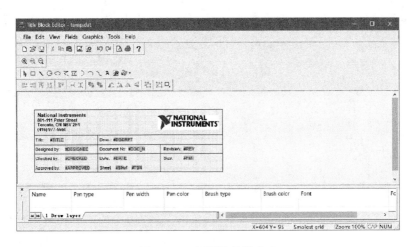

图 5.3.5　标题块编辑窗口

步骤 7:在标题块编辑窗口中可以对标题栏中的信息行字体、字型、颜色、字号等进行设定。

5.3.2　添加文本说明

添加文本说明的步骤如下:

步骤 1:单击"Place"→"Text",然后单击放置文本的位置,在该处即出现一个文本放置块(如电路工作区无网格,则文本块是不可见的)。

步骤 2:在文本块中输入文字,文本块会随字数的多少自动缩放。输入完成后,单击空白区,文本块消失仅留下输入的文本。

步骤 3:若需改变文字的颜色,则右击文本,打开如图 5.3.6 所示的文本处置对话框,单击"Pen color"命令。

步骤 4:选定所需颜色,单击"OK"按钮,文字的颜色即发生相应变化。

步骤 5:文本字型和字号的变更操作,与颜色类似。

步骤 6:鼠标左键按住文本,可将其移动到任何位置。

步骤 7:右击文本,打开文本处置对话框,按"Delete"命令,可将其删除。

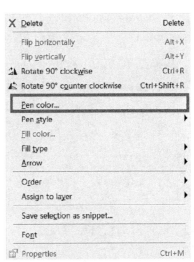

图 5.3.6　文本处置对话框

5.3.3　添加文本阐述栏

当需要对电路功能或使用方法做详尽说明时,

可添加文本阐述栏。添加文本阐述栏的步骤：单击"Tools"→"Description Box Editor"，打开如图 5.3.7 所示的电路阐述编译窗口，将要阐述的文字输入窗口，操作完毕后，关闭该窗口即可。

图 5.3.7　文本阐述窗口

5.4　打印电路

Multisim14 允许用户进行控制打印，包括是彩色输出还是黑白输出；是否有打印边框；打印的时候是否包括背景；设置电路图比例，使之适合打印输出。

选择菜单"File"→"Print Options"→"Print sheet setup"命令，为电路设置打印环境。电路图打印设置对话框如图 5.4.1 所示。

选择菜单"File"→"Print Options"→"Print instruments"命令，可以选中当前窗口中的仪表并打印出来，打印输出结果为仪表面板。电路运行后，打印输出的仪表面板将显示仿真结果。

选择菜单"File"→"Print"命令，为打印设置具体的环境。要想预览打印文件，选择菜单"File"→"Print preview"命令，电路出现在预览窗口中，在预览窗口中可以随意缩放，逐页翻看，或发送给打印机。

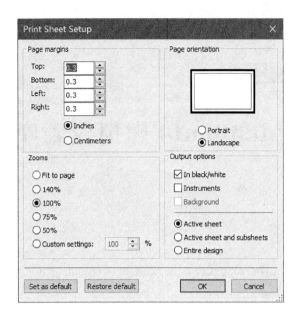

图 5.4.1　电路图打印设置对话框

第 6 章

Multisim14 虚拟仪表库

教学提示

本章主要介绍 Multisim14 仪器仪表库,涉及虚拟仪器工具栏、虚拟仪器仪表的调取或放置和使用、属性设置等内容。

教学要求

了解仪器仪表库中可调取的仪器仪表类型,熟练掌握仪器仪表调取方法,包括仪器仪表属性设置等。

教学方法

课内课外相结合、教师指导与学生自学相结合,但以学生实操为主。尽管本章介绍的是虚拟仪器仪表,但教学中教师要特别强调在使用虚拟仪器仪表时,要像真实仪器仪表一样规范使用,包括正确接入电路(地线也需接入)、正确操作等,还要注意是否有与实物相对应的虚拟仪器仪表。

6.1 仪器仪表栏

Multisim14 提供了很多虚拟仪器仪表,可用来测量电路参数或观测图形图像。这些仪器的设置、使用和数据读取都和真实仪表一样,面板、按钮和开关也与真实仪器相同。

在仪器库中,虚拟仪器有数字万用表、函数信号发生器、瓦特表、双踪示波器、4 通道示波器、波特图仪、频率计数器、字发生器、逻辑分析仪、逻辑转换器、IV 分析仪、失真分析仪、频谱分析仪、网络分析仪、安捷伦函数信号发生器、安捷伦数字万用表、安捷伦示波器和动态测试探针等。

虚拟仪器栏如图 6.1.1 所示,它是进行虚拟电子实验和电子设计仿真快捷而又形象的特殊工具。仪表的功能名称与仿真菜单下的虚拟仪表相同,如图 6.1.2 所示。

图 6.1.1　仪器仪表栏　　　　　　　图 6.1.2　仪器栏仪表名称

6.2　万用表

　　万用表也称多用表或三用表,是一种多功能、多量程的测量仪表。一般万用表可测量直流电流、直流电压、交流电流、交流电压、电阻和音频电平等,有的还可以测电容量、电感量及半导体的某些参数(如 β)等。由于万用表结构简单、功能多、量程广,使用方便,因而是维修和调试电路常用的测量仪表。

　　万用表按显示方式分为指针万用表和数字万用表。与指针万用表相比,数字万用表精度高、速度快、输入阻抗大、数字显示、读数准确、抗干扰能力强、测量自动化程度高。本节介绍 Multisim14 的虚拟万用表。

　　Multisim14 提供的虚拟万用表外观和操作方法与实际万用表相似,从仪器仪表栏中调出虚拟万用表,如图 6.2.1 所示。图 6.2.2 为万用表的图标和面板。图标上" + "和

"－"两个引线端接被测端点,连接电路的方法与实际万用表一样,测电压和电阻并联在被测元件两端,测电流串联在电路中。双击打开面板,可进行测量项目选择和参数设置。

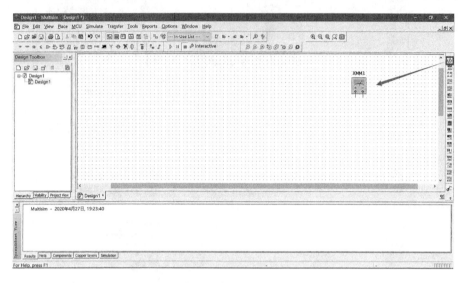

图 6.2.1　调出万用表

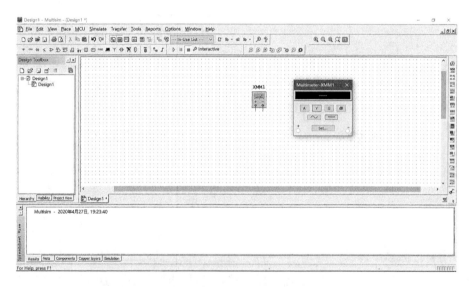

图 6.2.2　虚拟万用表的图标和面板

6.2.1　测量项目选择

单击"～"或"－"可测交流或直流信号,单击"A""V""Ω"或"dB"可分别测电流、电压、电阻或分贝值。

6.2.2　参数设置

单击"Set"进入"Multimeter Settings"对话框,如图 6.2.3 所示。

（1）"Electronic setting"电气设置区域

① 电流表（Ammeter resistance）内阻（R）。用于设置电流表内阻,其大小影响电流的测量精度,值越小精度越高,默认值为 1 nΩ。

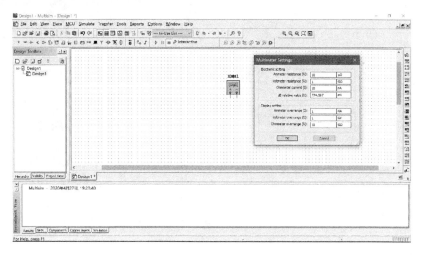

图 6.2.3　万用表设置对话框

② 电压表（Voltmeter resistance）内阻（R）。用于设置电压表内阻,其大小影响电压的测量精度,值越大精度越高,默认值为 1 GΩ。

③ 电阻表（Ohmmeter current）电流。用于设置测量时流过欧姆表的电流,默认值为 10 nA。

（2）"Display setting"显示设置区域

① 电流表过量程（Ammeter overrange）。用于设置电流表量程,默认值为 1 GA。

② 电压表过量程（Voltmeter overrange）。用于设置电压表量程,默认值为 1 GV。

③ 电阻表过量程（Ohmmeter overrange）。用于设置电阻表量程,默认值为 10 GΩ。

6.3　函数发生器

凡是产生测试信号的仪器统称为函数发生器,用于产生被测电路所需特定参数（如频率波形、输出电压或功率等）的电测试信号,且能在一定范围内进行精确调整,有很好的稳定性。函数发生器的种类很多,按输出信号波形可分为正弦信号、函数信号、脉冲信号和随机信号发生器。

函数发生器又称波形发生器,是一种能产生正弦波、方波、三角波、锯齿波等特定周期性时间函数波形信号的通用仪器。Multisim14 中的虚拟函数发生器可以产生正弦波、三角波和矩形波。从仪器栏中调出虚拟函数发生器"Function generator",如图 6.3.1 所示。其图标和面板如图 6.3.2 所示。

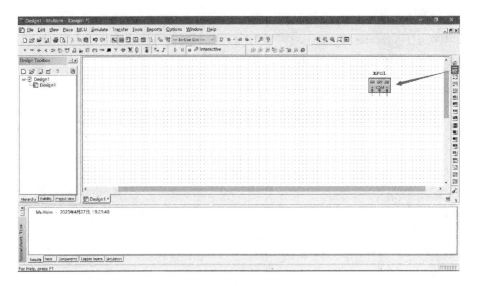

图 6.3.1　调出虚拟函数发生器

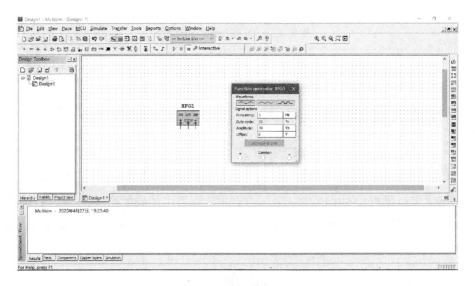

图 6.3.2　虚拟函数发生器的图标和面板

6.3.1　引线端子

虚拟函数发生器图标上有"＋""COM"和"－"3 个引线端子,与外电路相连输出电压信号,其连接规则如下:

① 连接"＋"和"COM"端子:输出信号为正极性信号,幅值等于信号发生器的峰值。

② 连接"COM"和"－"端子:输出信号为负极性信号,幅值等于信号发生器的峰值。

③ 连接"＋"和"－"端子:输出信号的幅值等于信号发生器峰值的两倍。

④ 同时连接"＋"" COM"和"－"端子,且把"COM"端子与地(Ground)符号相连,则输出两个幅度相等、极性相反的信号。

6.3.2　信号源选择和参数设置

双击图标打开面板,可进行信号源选择和参数设置。

(1)"Waveforms"波形区

选择输出信号的波形类型有正弦波、三角波和方波 3 种周期性信号可供选择。

(2)"Signal options"信号选项区

对"波形"区中选取的信号进行相关参数设置。

"Frequency":设置所要产生信号的频率,范围为 1 fHz ~ 999 THz,默认值为 1 Hz。

"Duty cycle":设置所要产生信号的占空比,设定范围为 1% ~ 99%,默认值为 50%。

"Amplitude":设置所要产生信号的最大值(电压),可选范围为 1 fV ~ 999 TV,默认值为 10 V。

"Offset":设置信号源输出偏移值,可选范围为 1 fV ~ 999 TV,默认值为 0 V。

"Set rise/Fall time"按钮:设置所要产生信号的上升时间与下降时间,而该按钮只有在产生方波的时候有效。单击该按钮后,栏中以指数格式设置上升时间(下降时间),再单击"确认"按钮完成设置;如单击"默认"按钮,则恢复默认值 10 nsec。

6.4　瓦特表

瓦特表用于测量电路的交流、直流功率,功率的大小是流过电路的电流和电压差的乘积,量纲为瓦特。瓦特表有 4 个引线端:电压正极和负极、电流正极和负极。瓦特表中有两组端子,左边的两个端子为电压输入端子,与所要测试的电路并联;右边的两个端子为电流输入端子,与所要测试的电路串联。瓦特表也能测量功率因数,功率因数是电压和电流相位差角的余弦值。从仪器栏中调出虚拟瓦特表"Wattmeter",如图 6.4.1 所示。瓦特表的图标和面板如图 6.4.2 所示。

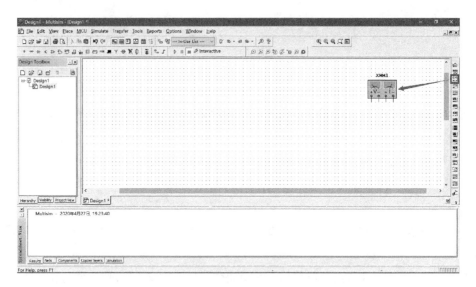

图 6.4.1　调出虚拟瓦特表

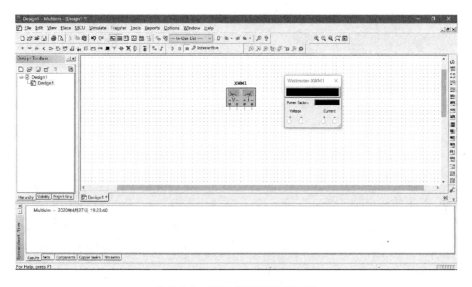

图 6.4.2　瓦特表的图标和面板

6.5　示波器

示波器是一种用途十分广泛、能直接观察和真实显示实测信号的综合性电子测量仪器。它不仅能定性观察电路的动态过程,如观察电压、电流或经过转换的非电量等变化过程,还可以定量测量各种电参数,如被测信号的幅度、周期、频率等。

根据对信号的处理方式,示波器可分为模拟示波器和数字示波器;根据用途可分为通用示波器和专用示波器;根据信号通道可分为单踪、双踪、四踪、八踪示波器。Multisim14

中虚拟示波器有双通道示波器和四通道示波器。

6.5.1　双通道示波器

虚拟双通道示波器与真实示波器的外观和基本操作基本相同。从仪器栏中调出虚拟双通道示波器,如图 6.5.1 所示,其图标和面板如图 6.5.2 所示。示波器图标有 4 个连接点:A 通道输入、B 通道输入、外触发端 T 和接地端 G。双击图标打开示波器的控制面板,可进行参数设置和读取输出信号值。

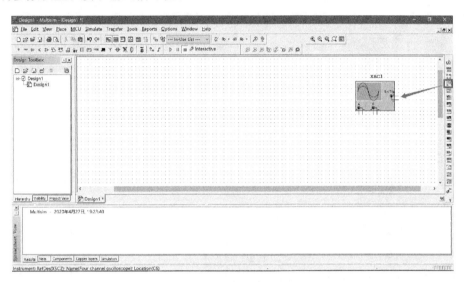

图 6.5.1　调出虚拟双通示波器

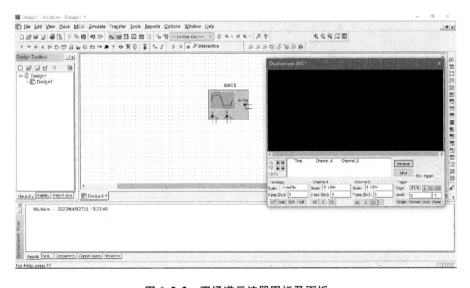

图 6.5.2　双通道示波器图标及面板

6.5.1.1　"Timebase"时间轴设置区

① Scale:设置 X 轴的时间基准,相当于实际示波器的时间挡位调整。

② X pos：设置 X 轴的起始位置，相当于实际示波器的水平位移调整。

③ 显示方式选择："Y/T"方式指的是 X 轴显示时间，Y 轴显示 A、B 通道的输入信号；"加载"方式指的是 X 轴显示时间，Y 轴显示 A 通道和 B 通道电压之和；"B/A"表示 Y 轴显示 B 通道，X 轴显示 A 通道。"A/B"与"B/A"相反。

6.5.1.2 "Channel A"设置区

① Scale：通道 A 的 Y 轴电压刻度设置，相当于实际示波器的垂直挡位调整。

② Y pos：设置 Y 轴的起始点位置，起始点为 0 表明 Y 轴和 X 轴重合，起始点为正值表明 Y 轴原点位置向上移，否则向下移。相当于实际示波器的垂直位移调整。

③ 耦合方式选择：AC（交流耦合）、0（接地）或 DC（直流耦合），交流耦合只显示交流分量，直流耦合显示直流和交流之和，0 耦合是在 Y 轴设置的原点处显示一条直线。

6.5.1.3 "Channel B"设置区

Channel B 各项设置同"Channel A"设置。

6.5.1.4 "Trigger"触发设置区

① Edge：设置被测信号开始的边沿，如先显示上升沿或下降沿。

② Level：设置触发信号的电平，使触发信号在某一电平时启动扫描，信号幅度达到触发电平时示波器才扫描。

③ 类型：有"Single（正弦）""Normal（标准）""Auto（自动）"和"None（无）"4 个触发类型供选择，一般选择"Auto（自动）"。

四通道示波器与双通道示波器的使用方法和参数调整方式完全一样，只是多了一个通道控制器旋钮，当旋钮拨到某个通道位置，才能对该通道的 Y 轴进行调整。

6.5.2 四通道示波器

四通道示波器的设置同双通道示波器，从仪器栏中调出虚拟四通道示波器，如图 6.5.3 所示。在观察不同通道的图像和设置不同通道的参数时需调节图 6.5.4 所示的调挡按钮。

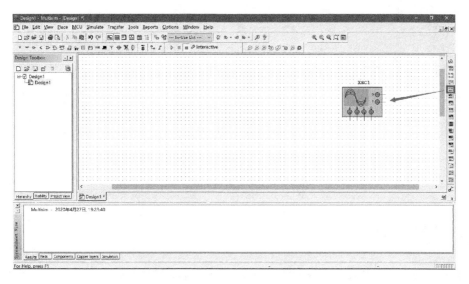

图 6.5.3　调出虚拟四通道示波器

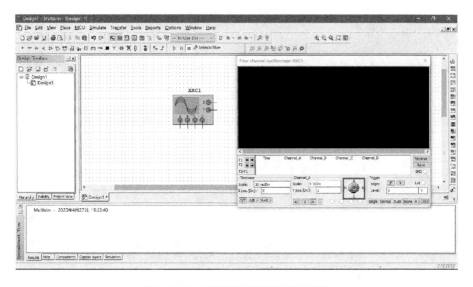

图 6.5.4　四通道示波器图标及面板

第 7 章

电路分析实验仿真

教学提示

本章主要在介绍电路分析实验原理的基础上,阐述利用 Multisim14 软件进行实验仿真的方法、步骤和仿真结果。实验内容包括实验的仿真测量和实验的仪器测量。

教学要求

理解实验原理,掌握实验方法,会正确安装电路、正确使用仪器仪表,会进行数据处理及误差分析,具有电路故障分析与检查能力。

教学方法

要求学生进行预习,可先进行实验仿真,再进行仪器实验。可课内课外相结合,实验仿真可在教师指导下课外进行,仪器实验可在实验室由教师指导进行。

7.1 常用电工仪表的使用

预习内容

(1) 万用表的功能与用法。

(2) 电流表与电压表在电路中的接法。

(3) 利用 Multisim14 软件进行仿真实验。

7.1.1 实验目的

(1) 熟悉各类测量仪表、各类电源的布局及使用方法。

(2) 掌握电压表、电流表内电阻的测量方法。

（3）熟悉电工仪表测量误差的计算方法。

（4）熟悉运用 Multisim14 软件进行常用电工仪表使用仿真的方法。

7.1.2　实验器材

电路分析实验仿真所用器材如表 7.1.1 所示。

表 7.1.1　实验器材

序号	器材名称	型号与规格	数量	备注
1	计算机与 Multisim14 软件		1	
2	多功能电子技术实验平台		1	
3	可调直流稳压源		1	
4	可调恒流源		1	
5	普通或四位半万用表		1	
6	电位器	10 kΩ	1	
7	电阻器	8.2 kΩ、10 kΩ	若干	

7.1.3　实验原理

为了准确测量电路中实际的电压和电流,必须保证仪表接入电路不会改变被测电路的工作状态,这就要求电压表的内阻为无穷大,电流表的内阻为 0。但是实际使用的电工仪表都不满足上述要求,一旦测量仪表接入电路,就会改变电路原有的工作状态,导致仪表的读数值与电路原有的实际值之间出现误差,误差值的大小与仪表内阻值的大小密切相关。

7.1.3.1　分流法

本实验采用"分流法"测量电流表的内阻,如图 7.1.1 所示。

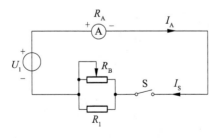

图 7.1.1　可调电源

图 7.1.1 中,A 为被测电阻(R_A)的直流电流表。测量时,先断开开关 S,调节电源的输出电流 I 使电流表 A 指针满偏转,然后合上开关 S,并保持 I 值不变,调节电阻箱 R_B 的阻值,使电流表的指针指在 1/2 满偏转位置,此时有 $I_A = I_S = I/2$,$R_A = R_B /\!/ R_1$,R_1 为固定

电阻器值,R_B 值根据电阻箱刻度盘读取。

7.1.3.2　分压法

本实验采用"分压法"测量电压表的内阻,如图7.1.2 所示。

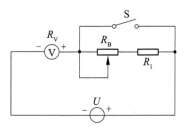

图7.1.2 中,V 为被测内阻(R_V)的电压表。测量时先将开关 S 闭合,调节电源的输出电压,使电压表 V 的指针满偏转,然后断开开关 S,调节 R_B 使电压表 V 的指示值减半。此时,有

$$R_V = R_B + R_1 \qquad (7.1.1)$$

图 7.1.2　可调电源

电阻箱刻度盘读出值 R_B 加上固定电阻 R_1,即为被测电压表的内阻值。

电压表灵敏度为

$$S = \frac{R_V}{U} \qquad (7.1.2)$$

7.1.3.3　仪表内阻引入的测量误差

仪表内阻引入的测量误差通常称为方法误差,而仪表本身构造引起的误差称为仪表的基本误差。

以图7.1.3 所示电路为例,R_1 上的电压为

$$U_{R_1} = \frac{R_1}{R_1 + R_2} U \qquad (7.1.3)$$

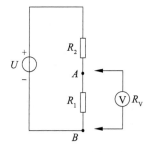

若 $R_1 = R_2$,则

$$U_{R_1} = \frac{1}{2} U \qquad (7.1.4)$$

图 7.1.3　测量误差

现用一内阻为 R_V 的电压表来测量 U_{R_1} 值,当 R_V 与 R_1 并联后,用 $R_{AB} = \dfrac{R_V R_1}{R_V + R_1}$ 来替代式(7.1.3)中的 R_1,得

$$U'_{R_1} = \frac{\dfrac{R_V R_1}{R_V + R_1}}{\dfrac{R_V R_1}{R_V + R_1} + R_2} U \qquad (7.1.5)$$

误差为

$$\Delta U = U'_{R_1} - U_{R_1} = \left(\frac{\dfrac{R_V R_1}{R_V + R_1}}{\dfrac{R_V R_1}{R_V + R_1} + R_2} - \frac{R_1}{R_1 + R_2} \right) U$$

$$= \frac{- R_1{}^2 R_2 U}{R_V(R_1^2 + 2R_1 R_2 + R_2^2) + R_1 R_2 (R_1 + R_2)} \qquad (7.1.6)$$

若 $R_1 = R_2 = R_V$,得

$$\Delta U = U'_{R_1} - U_{R_1} = -\frac{U}{6} \tag{7.1.7}$$

相对误差为

$$\frac{U'_{R_1} - U_{R_1}}{U_{R_1}} \times 100\% = \frac{-U/6}{U/2} \times 100\% = -33.3\%$$

7.1.4　常用电工仪表使用的 Multisim14 仿真实验

7.1.4.1　分流法

（1）搭建分流法仿真测量电路

在 Multisim14 仿真平台上，调取直流电源、电流表、开关、可调节电阻器与电阻，按图 7.1.1 搭建如图 7.1.4 所示的仿真测量电路。

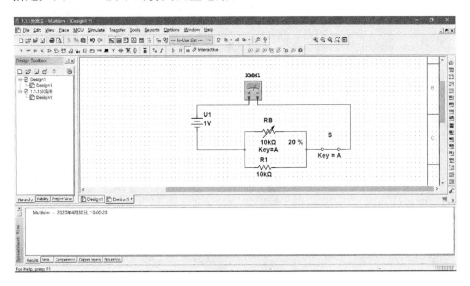

图 7.1.4　搭建分流法仿真测量电路

（2）分流法仿真测量

① 被测电流表量程设置为 1 mA，单击"仿真"按钮 ▷Ⅱ■ ，断开开关 S 后电流表的示数为 0 A，如图 7.1.5 所示。

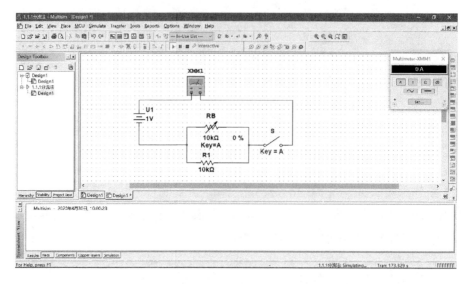

图7.1.5 开关 S 断开时电流表读数

② 被测电流表量程设置为 1 mA,单击"仿真"按钮 ▷ ‖ ■,闭合开关 S 后电流表的示数为 r,即为满刻度 1 mA,如图 7.1.6 所示。

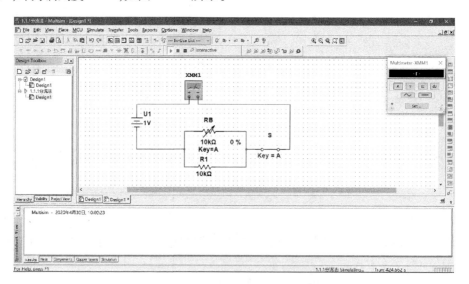

图7.1.6 开关 S 闭合时的电流表读数

③ 被测电流表量程设置为 1 mA,单击"仿真"按钮 ▷ ‖ ■,当调节可变电阻器阻值为 2.5 kΩ 时,电流表示数为其量程一半即 500 μA,如图 7.1.7 所示。

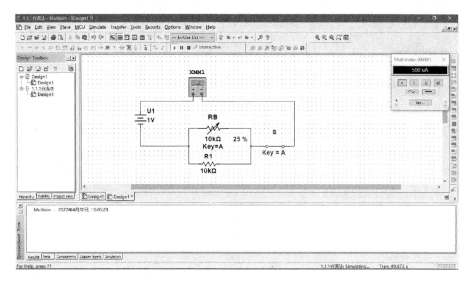

图 7.1.7 电流表示数为其量程一半

当被测电流表量程设置为 10 mA 时,根据上述方法测量,仿真测得的数据如表 7.1.2 所示。

表 7.1.2 "分流法"仿真测得的数据

被测电流表量程	S 断开时的 I_A/mA	S 闭合时的 I'_A/mA	R_B/Ω	R_1/Ω	计算内阻 R_A/Ω
1 mA	0	1	2 500	10	2 000
10 mA	0	10	204	10	200

7.1.4.2 分压法

（1）搭建"分压法"仿真测量电路

在 Multisim14 仿真平台上,调取直流电源、电压表、开关、可调节电阻器与电阻,按图 7.1.2 搭建如图 7.1.8 所示的仿真测量电路。

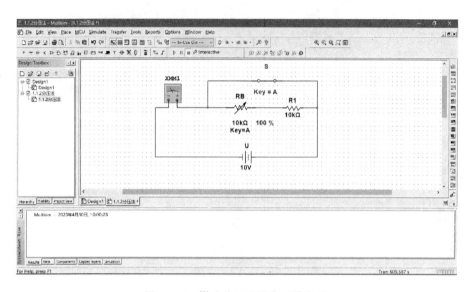

图 7.1.8　搭建分压法仿真测量电路

（2）分压法仿真测量

① 为方便测量,将电压表原始内阻调节为 15 kΩ,如图 7.1.9 所示。

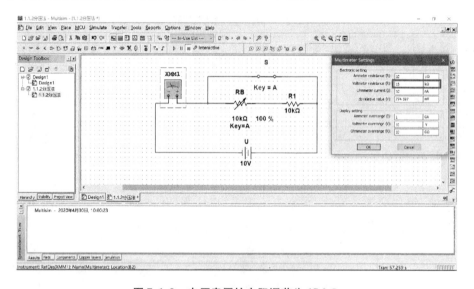

图 7.1.9　电压表原始内阻调节为 15 kΩ

② 被测电压表量程设置为 10 V,单击"仿真"按钮 ▷ Ⅱ ▪ ,开关 S 闭合时电压表读数为 10 V,如图 7.1.10 所示。

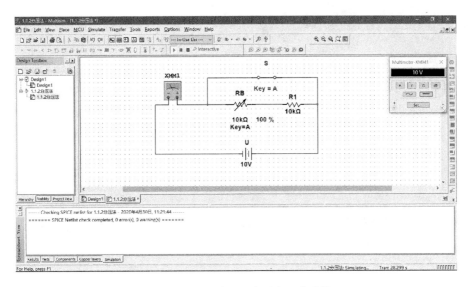

图 7.1.10　开关 S 闭合时电压表读数

③ 被测电压表量程设置为 10 V,单击"仿真"按钮 ▷ ⅱ ■ ,开关 S 断开时电压表读数为 4.286 V,如图 7.1.11 所示。

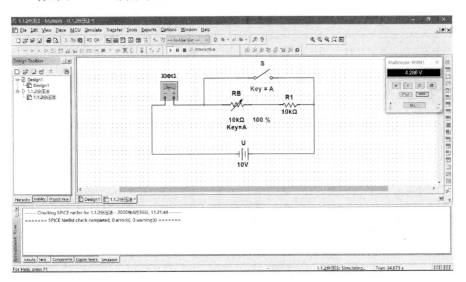

图 7.1.11　开关 S 断开时电压表读数

④ 被测电压表量程设置为 10 V,单击"仿真"按钮 ▷ ⅱ ■ ,开关 S 断开时调节可变电阻器阻值为 5 kΩ 时,电压表读数为其量程一半即 5 V,如图 7.1.12 所示。

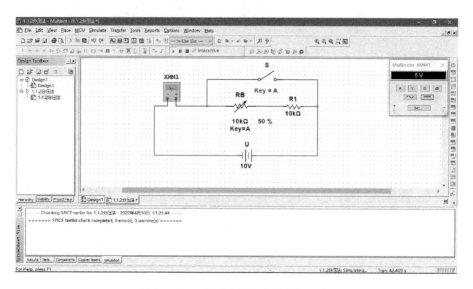

图 7.1.12　电压表示数为其量程一半

当被测电压表量程设置为 50 V 时，根据上述方法测量，仿真测得的数据如表 7.1.3 所示。

表 7.1.3　分压法仿真测量数据

被测电压表 量程/V	S 闭合时 读数/V	S 断开时 读数/V	R_B/kΩ	R_1/kΩ	计算内阻 R_V/kΩ	$S/(\Omega \cdot V^{-1})$
10	10	4.286	5	10	15	1.5
50	50	21.429	5	10	15	0.3

7.1.4.3　仪表内阻引入的测量误差

（1）搭建仿真测量电路

在 Multisim14 仿真平台上，调取直流电源与万用表、开关、电阻，按图 7.1.3 搭建如图 7.1.13 所示的仿真电路。

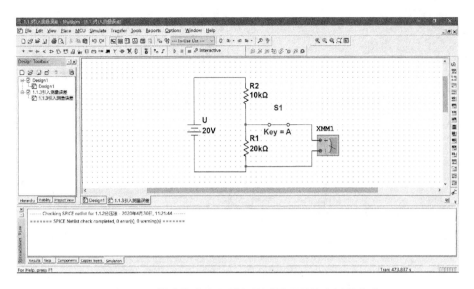

图 7.1.13　搭建仪表内阻引入的测量误差仿真测量电路

（2）仿真测量

① 为方便测量，将电压表原始内阻设置为 100 kΩ，同时将其量程设置为 50 V，如图 7.1.14 所示。

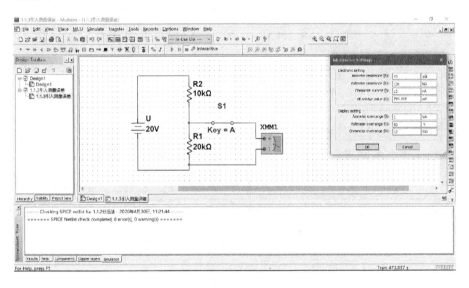

图 7.1.14　电压表设置

② 开关 S_1 闭合，单击"仿真"按钮 ，此时电压表的读数为 12.5 V，如图 7.1.15 所示。仿真测得的数据如表 7.1.4 所示。

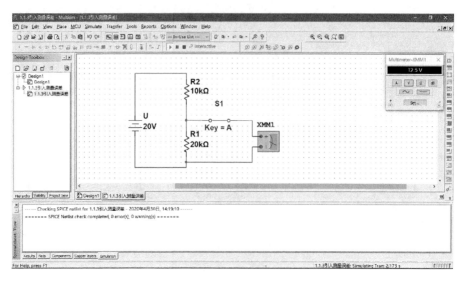

图 7.1.15　电压表读数

表 7.1.4　"测量误差"仿真测得的数据

U/V	$R_2/$ $\text{k}\Omega$	$R_1/$ $\text{k}\Omega$	$R(50\text{ V})/$ $\text{k}\Omega$	计算值 U_{R_1}/V	实测值 U''_{R_1}/V	绝对误差 ΔU	相对误差 $\dfrac{\Delta U}{U}\times100\%$
20	10	20	100	13.333	12.5	−0.833	−6.25%

7.1.5　常用电工仪表使用的仪器实验

7.1.5.1　实验测量

① 根据"分流法"原理测定某万用表直流电流 1 mA 和 10 mA 挡量程的内阻,电路如图 7.1.1 所示。实验测量数据记录于表 7.1.5 中。

表 7.1.5　实验测量数据记录

被测万用表直流 电流挡量程/mA	S 断开时 I_A/mA	S 闭合时 I'_A/mA	R_B/Ω	R_1/Ω	计算内阻 R_A/Ω
1					
10					

② 根据"分压法"原理按图 7.1.2 接线,测定某万用表直流电压 10 V 和 50 V 挡量程的内阻。实验数据记录于表 7.1.6 中。

表 7.1.6　实验测量数据记录表

被测万用表电压挡 电压表量程/V	S 闭合时 读数/V	S 断开时 读数/V	R_B/kΩ	R_1/kΩ	计算内阻 R_V/kΩ	$S/(\Omega \cdot V^{-1})$
10						
50						

③ 用万用表直流电压 50 V 挡量程测量图 7.1.3 中 R_1 上的电压 U_{R_1} 之值,并计算测量的绝对误差与相对误差,实验数据记录于表 7.1.7 中。

表 7.1.7　实验测量数据记录表

U/V	R_2/kΩ	R_1/kΩ	R(50 V)/ kΩ	计算值 U_{R_1}/ V	实测值 U''_{R_1}/V	绝对误差 ΔU/V	相对误差 $\dfrac{\Delta U}{U} \times 100\%$
20	10	20					

7.1.5.2　注意事项

① 实验台上提供所有实验的电源,直流稳压电源和恒流源均可调节其输出量,并由数字电压表和数字毫安表显示其输出量的大小,启动电源之前,应使其输出旋钮置于零位,实验时再缓缓地输出。

② 稳压源的输出不允许短路,恒流源的输出不允许开路。

③ 电压表应与电路并联使用,电流表应与电路串联使用,并且都要注意极性与量程的合理选择。

7.1.5.3　思考题

① 根据实验内容 7.1.5.1 和 7.1.5.2,若已求出 1 mA 挡和 10 V 挡的内阻,可否直接计算得出 10 mA 挡和 50 V 挡的内阻?

② 用量程为 10 A 的电流表测量实际值为 8 A 的电流时,实际读数为 8.1 A,求测量的绝对误差和相对误差。

③ 图 7.1.16 为伏安法测量电阻的两种电路,被测电阻的实际值为 R_X,电压表的内阻为 R_V,电流表的内阻为 R_A,求两种电路测电阻 R_X 的相对误差。

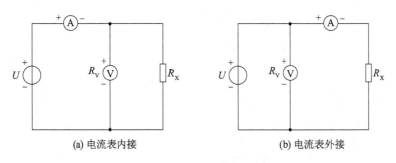

(a) 电流表内接　　　　　　　　　　(b) 电流表外接

图 7.1.16　伏安法测量电阻 U

7.1.6 实验报告要求

① 写明实验目的。

② 写明实验仪器名称和型号。

③ 写明实验步骤和过程。

④ 列表记录实验数据,并计算各被测仪表的内阻值。计算 7.1.5.3 的绝对误差与相对误差。

⑤ 分析实验数据,总结实验结果。

⑥ 完成思考题的计算。

7.2 电路元器件伏安特性

 预习内容

(1) 了解万用表、毫安表的功能与用法。

(2) 熟悉线性电阻及电压源和电流源的伏安特性的测试原理和方法。

(3) 利用 Multisim14 软件进行电路元器件伏安特性仿真测试。

7.2.1 实验目的

(1) 学会常用电路元器件的识别方法。

(2) 掌握线性电阻、非线性电阻元件及电压源和电流源的伏安特性的测试方法。

(3) 学会常用直流电工仪表和设备的使用方法。

(4) 进一步熟悉运用 Multisim14 软件进行电路元器件伏安特性仿真测试,并与实验测试比较。

7.2.2 实验器材

电路元器件伏安特性实验所需器材如表 7.2.1 所示。

表 7.2.1 电路元器件伏安特性实验器材

序号	器材名称	型号与规格	数量	备注
1	计算机与 Multisim14 软件		1	
2	多功能电子技术实验平台		1	
3	可调直流稳压电源	0 ~ 30 V 或 0 ~ 12 V	1	

续表

序号	器材名称	型号与规格	数量	备注
4	普通或四位半万用表		1	
5	直流数字毫安表		1	
6	直流数字电压表		1	
7	可调电位器或滑线变阻器		1	
8	稳压管	2CW51	1	
9	白炽灯	12 V	1	
10	线性电阻器	1 kΩ/1 W	1	
11	半导体二极管		1	

7.2.3　实验原理

任何一个两端元件的特性都可用该元件上的端电压 U 与通过该元件的电流 I 之间的函数关系 $I = f(U)$ 表示,即用 $I - U$ 平面上的一条曲线来表征,该曲线称为元件的伏安特性曲线。

7.2.3.1　线性电阻器

线性电阻器的伏安特性曲线是一条通过坐标原点的直线,如图 7.2.1 中直线 a 所示,直线的斜率等于该电阻器的电阻值。

电阻器伏安特性参考电路和元件及参数如图 7.2.2 所示。

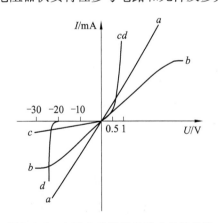

图 7.2.1　各种电路元件的伏安特性曲线

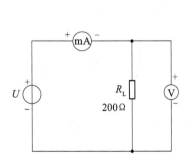

图 7.2.2　电阻器的伏安特性参考电路

7.2.3.2　白炽灯

一般白炽灯在工作时灯丝处于高温状态,其灯丝电阻随着温度的升高而增大。通过白炽灯的电流越大,其温度越高,阻值也越大。一般灯泡的“冷电阻”与“热电阻”的阻值相差几倍至几十倍,所以它的伏安特性曲线如图 7.2.1 中曲线 b 所示。白炽灯的伏安特性参考电路与图 7.2.2 相似,只是将图 7.2.2 中的 R_L 换成一只 12 V 的灯泡。

7.2.3.3 半导体二极管

半导体二极管通常是非线性电阻元件,其伏安特性曲线如图 7.2.1 中曲线 c 所示。正向压降很小(锗管为 0.2 ~ 0.3 V,硅管为 0.5 ~ 0.7 V),正向电流随正向压降的升高而急剧增加,而反向电压从零一直增加到几十伏时,反向电流增加很小可近似为零。可见,二极管具有单向导电性,但反向电压加得过高,超过管子的极限值时,则会导致管子击穿损坏。半导体二极管的伏安特性参考电路和元件及参数,如图 7.2.3 所示。

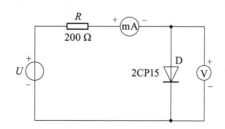

图 7.2.3 半导体二极管的伏安特性参考电路

7.2.3.4 稳压二极管

稳压二极管是一种特殊的半导体二极管,其正向特性与普通二极管类似,但其反向特性较特别,如图 7.2.1 中曲线 d 所示。在反向电压开始增加时,其反向电流几乎为零,但当电压增加到某一数值时(称为管子的稳压值,有各种不同稳压值的稳压管),电流将突然增加,之后它的端电压将维持恒定,不再随外加的反向电压升高而增大。稳压二极管的伏安特性参考电路同图 7.2.3,只需将图中的二极管换成稳压二极管。

 注 意

流过稳压二极管的电流不能超过管子的极限值,否则管子会被烧坏。

7.2.4 电路元器件伏安特性的 Multisim14 仿真实验

7.2.4.1 线性电阻器的伏安特性

(1)搭建仿真测量电路

在 Multisim14 仿真平台上,调取直流电源、万用表、开关与电阻,按图 7.2.2 搭建如图 7.2.4 所示的仿真测量电路。

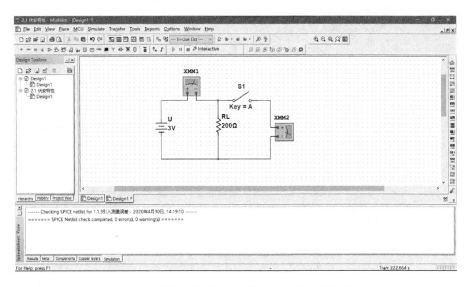

图 7.2.4　搭建线性电阻器伏安特性仿真测量电路

（2）仿真测量

① 当输入电压为 3 V 时，单击"仿真"按钮 □▶ ▯ ▮，闭合开关 S_1，读取万用表上电压与电流读数，如图 7.2.5 所示。

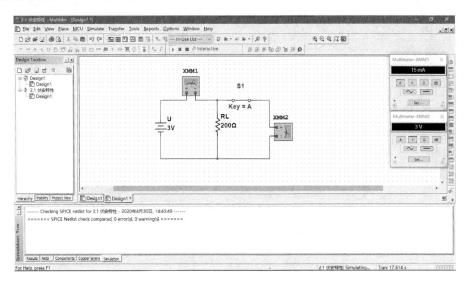

图 7.2.5　输入电压为 3 V 时读数

② 当输入电压为 4 V 时，单击"仿真"按钮 □▶ ▯ ▮，闭合开关 S_1，读取万用表上电压与电流读数，如图 7.2.6 所示。

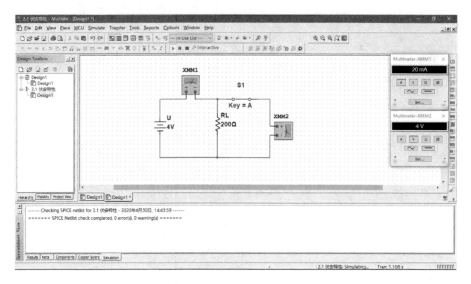

图 7.2.6   输入电压为 4 V 时读数

其余仿真测量数据如表 7.2.2 所示。

表 7.2.2   线性电阻器的伏安特性仿真测试数据

U_R/V	I/mA	U_R/V	I/mA
3	15	−3	−15
4	20	−4	−20
5	25	−5	−25
7	35	−7	−35
8	40	−8	−40
10	50	−10	−50
12	60	−12	−60
14	70	−14	−70

根据表 7.2.2 数据画出线性电阻器的伏安特性曲线,如图 7.2.7 所示。

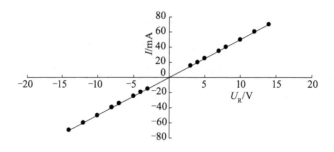

图 7.2.7   线性电阻器的伏安特性曲线

7.2.4.2　白炽灯的伏安特性

（1）搭建仿真测量电路

在 Multisim14 仿真平台上，调取直流电源、万用表、开关与白炽灯泡，按图 7.2.2 搭建如图 7.2.8 所示的仿真测量电路。

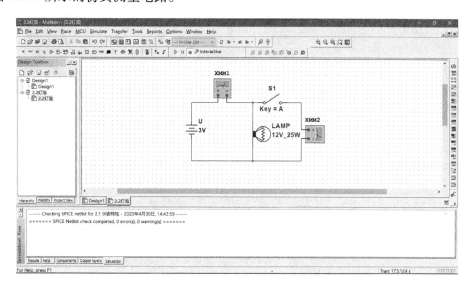

图 7.2.8　搭建白炽灯仿真测量电路

（2）仿真测量

① 当输入电压为 3 V 时，单击"仿真"按钮 ，闭合开关 S_1，读取万用表上电压与电流读数，如图 7.2.9 所示。

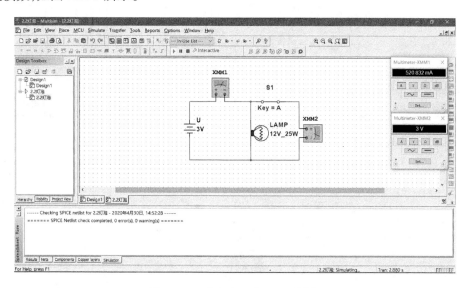

图 7.2.9　输入电压为 3 V 时读数

② 当输入电压为 4 V 时，单击"仿真"按钮 ，闭合开关 S_1，读取万用表上电压与电流读数，如图 7.2.10 所示。

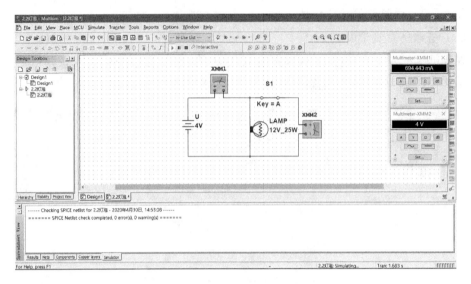

图 7.2.10 输入电压为 4 V 时读数

其余的仿真测量数据,如表 7.2.3 所示。

表 7.2.3 非线性白炽灯的伏安特性仿真数据

U_R/V	I/mA	U_R/V	I/mA
3	520.8	− 3	− 520.8
4	694.4	− 4	− 694.4
5	868.1	− 5	− 868.1
7	1 200	− 7	− 1 200
8	1 400	− 8	− 1 400
10	1 700	− 10	− 1 700
12	2 100	− 12	− 2 100
14	2 400	− 14	− 2 400

根据表 7.2.3 数据画出非线性白炽灯的伏安特性曲线图,如图 7.2.11 所示。

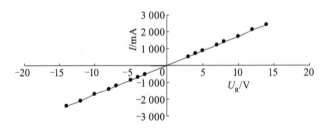

图 7.2.11 非线性白炽灯泡的伏安特性曲线

7.2.4.3　半导体二极管的伏安特性

（1）搭建仿真测量电路

在 Multisim14 仿真平台上，调取直流电源、万用表、开关、电阻和二极管，按图 7.2.2 搭建如图 7.2.12 所示的仿真测量电路。

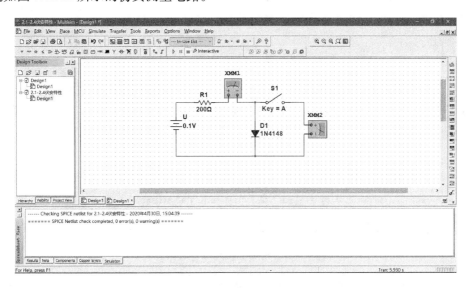

图 7.2.12　搭建二极管的伏安特性仿真测量电路

（2）仿真测量

① 当输入电压为 0.1 V 时，单击"仿真"按钮 ▷Ⅱ■，闭合开关 S_1，读取万用表上电压与电流读数，如图 7.2.13 所示。

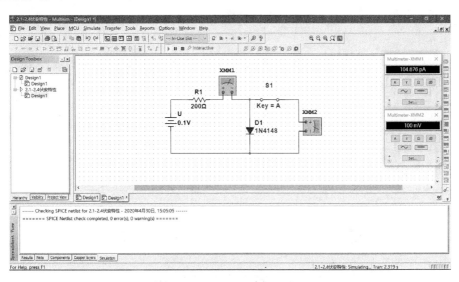

图 7.2.13　输入电压为 0.1 V 时读数

② 当输入电压为 0.3 V 时，单击"仿真"按钮 ▷Ⅱ■，闭合开关 S_1，读取万用表上电压与电流读数，如图 7.2.14 所示。

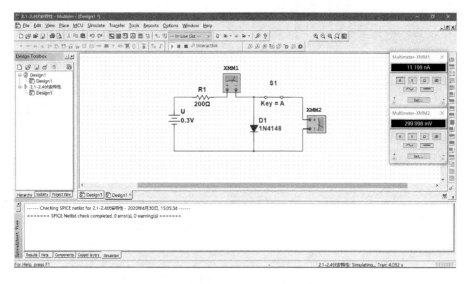

图 7.2.14　输入电压为 0.3 V 时读数

其余的仿真测量数据,如表7.2.3、表7.2.4 所示。

表 7.2.4　正向特性的仿真测量数据

U_{D+}/V	0.10	0.30	0.50	0.55	0.60	0.65	0.70	0.75
I/mA	104.9 pA	11.2 nA	21.1 μA	172.3 μA	1.1 mA	5.8 mA	18.4 mA	37.8 mA

表 7.2.5　反向特性的仿真测量数据

U_{D-}/V	-3	-5	-10	-20	-30	-35	-40
I/mA	-3	-5	-10	-20	-30	-35	-40

根据表 7.2.4 和表 7.2.5 数据画出半导体二极管的伏安特性曲线,如图 7.2.15 所示。

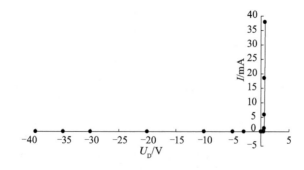

图 7.2.15　半导体二极管伏安特性曲线

7.2.4.4　稳压二极管的伏安特性

（1）搭建仿真测量电路

在 Multisim14 仿真平台上，调取直流电源、万用表、开关、电阻和稳压二极管，按图 7.2.2 搭建如图 7.2.16 所示的仿真测量电路。

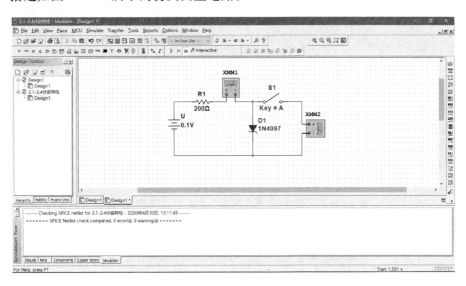

图 7.2.16　搭建稳压二极管的伏安特性仿真测量电路

（2）仿真测量

① 当输入电压为 0.1 V 时，单击"仿真"按钮 ，闭合开关 S_1，读取万用表上电压与电流读数，如图 7.2.17 所示。

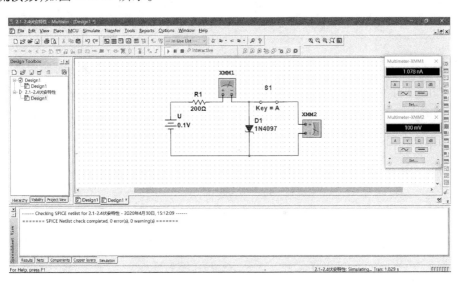

图 7.2.17　输入电源为 0.1 V 时读数

② 当输入电压为 0.3 V 时，单击"仿真"按钮 ，闭合开关 S_1，读取万用表上电压与电流读数，如图 7.2.18 所示。

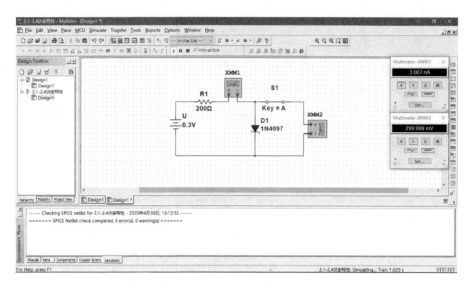

图 7.2.18　输入电源为 0.3 V 时读数

其余的仿真测量数据,如表 7.2.6 和表 7.2.7 所示。

表 7.2.6　正向特性仿真测量数据

U_{D+}/V	0.1	0.3	0.5	0.7	0.75	0.8	0.9
I/mA	1.1×10^{-6}	3.0×10^{-6}	0.000 362	0.653	1.8	5.3	13.0

表 7.2.7　反向特性仿真测量数据

U_{D-}/V	−100	−90	−80	−70	−60	−30	−20
I/mA	−2.28	−0.000 8	−0.000 712	−0.000 623	−0.000 534	−0.000 267	−0.000 178

根据表 7.2.6 和表 7.2.7 中数据画出稳压二极管的伏安特性曲线图,如图 7.2.19 所示。

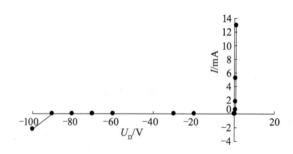

图 7.2.19　稳压二极管的伏安特性曲线

7.2.5　电路元器件伏安特性的仪器实验

7.2.5.1　线性电阻器的伏安特性

按图7.2.2接线,调节稳压电源的输出电压 U,从0 V开始缓慢地增加到14 V或缓慢地减小至 -14 V,将相应的电压表和电流表的读数 U_R、I 记录于表7.2.8中。

表7.2.8　线性电阻器的伏安特性实验数据

U_R/V	I/mA	U_R/V	I/mA
3		-3	
4		-4	
5		-5	
7		-7	
8		-8	
10		-10	
12		-12	
14		-14	

7.2.5.2　白炽灯的伏安特性

将图7.2.2中的 R_L 换成一只12 V的灯泡,重复7.2.5.1的步骤。实验测量数据记录于表7.2.9中。

表7.2.9　非线性白炽灯的伏安特性实验数据

U_R/V	I/mA	U_R/V	I/mA
3		-3	
4		-4	
5		-5	
7		-7	
8		-8	
10		-10	
12		-12	
14		-14	

7.2.5.3　半导体二极管的伏安特性

按图7.2.3接线,R 为限流电阻器。测二极管的正向特性时,其正向电流不得超过35 mA,二极管 D 的正向施压 U_{D+} 可在 $0 \sim 0.75$ V 之间取值,在 $0.5 \sim 0.75$ V 之间应多取几个测量点。做反向特性实验时,只需将图7.2.3中的二极管 D 反接,且其反向施压 U_{D-}

可加到 40 V。实验测量数据分别记录于表 7.2.10 和表 7.2.11 中。

表 7.2.10   正向特性的实验数据

U_{D+}/V	0.10	0.30	0.50	0.55	0.60	0.65	0.70	0.75
I/mA								

表 7.2.11   反向特性的实验数据

U_{D-}/V	−3	−5	−10	−20	−30	−35	−40
I/mA							

7.2.5.4   稳压二极管的伏安特性

将图 7.2.3 中的二极管换成稳压二极管,重复 7.2.5.3 的测量。测量点自定,实验测量数据分别记录于表 7.2.12 和表 7.2.13 中。

表 7.2.12   正向特性实验数据

U_{D+}/V							
I/mA							

表 7.2.13   反向特性实验数据

U_{D-}/V							
I/mA							

7.2.5.5   注意事项

① 启动电源之前,应使其输出旋钮置于零位,实验时再缓缓地增、减输出。稳压源的输出不允许短路,恒流源的输出不允许开路。

② 测二极管正向特性时,稳压电源输出应由小至大逐渐增加,电流表读数不得超过 35 mA。

③ 进行不同实验时,应先估算电压和电流值,合理选择仪表的量程,切勿使仪表超量程,仪表的极性亦不可接错。

④ 电压表应与电路并联使用,电流表与电路串联使用,并且都要注意仪表的极性不可接错。

7.2.5.6   思考题

① 线性电阻与非线性电阻的概念是什么?电阻器与二极管的伏安特性有何区别?

② 设某器件伏安特性曲线的函数式 $I = f(U)$,试问在逐点绘制曲线时,其坐标变量应如何放置?

③ 在图 7.2.3 中,设 $U = 3$ V,$U_{D+} = 0.7$ V,毫安表(mA)读数为多少?

④ 稳压二极管与普通二极管有何区别,其用途如何?

7.2.6　实验报告要求

① 写明实验目的。

② 写明实验仪器名称和型号。

③ 写明实验内容和步骤。

④ 根据各实验数据,分别在方格纸上绘制出光滑的伏安特性曲线。

⑤ 根据实验结果,总结、归纳各被测元件的特性。

⑥ 做必要的误差分析。

7.3　电位、电压测量及电路电位图绘制

 预习内容

(1) 电工仪表的功能与用法。

(2) 电位、电压测定方法。

(3) 电路电位图绘制方法。

(4) 利用 Multisim14 软件仿真测量电位、电压并绘制电路电位图。

7.3.1　实验目的

(1) 验证电路中电位的相对性、电压的绝对性。

(2) 掌握电路电位图的绘制方法。

(3) 进一步熟悉用 Multisim14 软件仿真测量电位、电压并绘制电路电位图的方法。

7.3.2　实验器材

电位、电压测量及电路电位图绘制实验器材如表 7.3.1 所示。

表 7.3.1　电位、电压测量及电路电位图绘制实验器材

序号	器材名称	型号与规格	数量	备注
1	计算机与 Multisim14 软件		1	
2	多功能电子技术实验平台		1	
3	可调直流稳压电源	0 ~ 30 V	双路	
4	普通或四位半数字万用表		1	
5	直流数字电压表	0 ~ 200 V	1	

7.3.3　实验原理

在一个闭合电路中,各点电位的高低视所选的电位参考点的不同而改变,但任意两点间的电位差(即电压)则是绝对的,它不因参考点的变动而改变。

电位图是一种平面坐标一、四两象限内的折线图。其纵坐标为电位值,横坐标为各被测点。要制作某一电路的电位图,先以一定的顺序对电路中各被测点编号。以图7.3.1为例,在坐标横轴上按顺序、均匀间隔标上 A、B、C、D、E、F、A。再根据测得的各点电位值,在各点所在的垂直线上描点。用直线依次连接相邻两个电位点,即得该电路的电位图。

在电位图中,任意两个被测点的纵坐标值之差即为该两点之间的电压值。

在电路中电位参考点可任意选定。对于不同的参考点,所绘出的电位图形是不同的,但其各点电位变化的规律是一样的。

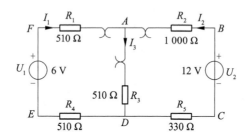

图7.3.1　电路连接与电位图

7.3.4　电位、电压测量及电路电位图绘制的 Multisim14 仿真实验

7.3.4.1　电位、电压测量及绘制电路电位图的仿真电路

在 Multisim14 仿真平台上调取直流电源、开关、电阻,按图7.3.1 搭建如图7.3.2 所示的仿真电路。

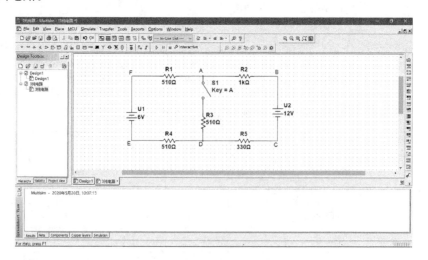

图7.3.2　搭建仿真电路

7.3.4.2 电位、电压测量及绘制电路电位图的仿真测量

① 加入万用表后,仿真测量电路如图 7.3.3 所示。

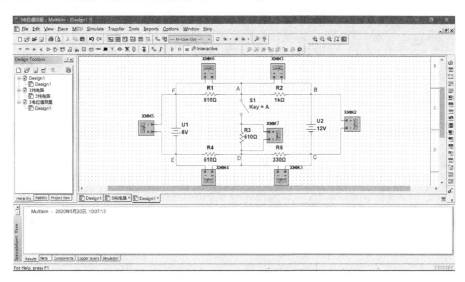

图 7.3.3 测试电路

② 单击"仿真"按钮 ,闭合开关 S_1,读取万用表电压读数,如图 7.3.4 和表 7.3.2 所示。

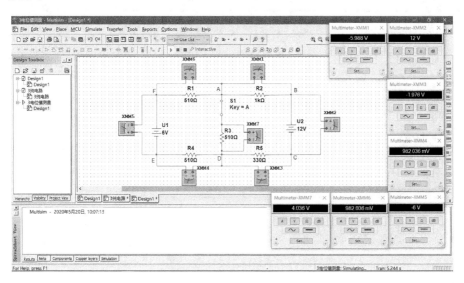

图 7.3.4 数据读取

由电压与电位的公式 $U_{BC} = \varphi_B - \varphi_C$ 可知,图 7.3.4 中若以点 A 为电位参考点,则 $\varphi_A = 0$,若以点 D 作为参考点,则 $\varphi_D = 0$。由网孔电流法,算出 $I_{R_1} = I_{R_4} \approx 0.00193$ A,$I_{R_2} = I_{R_5} \approx 0.00599$ A。

表 7.3.2　仿真测得的数据

电位参考点	φ 与 U	φ_A	φ_B	φ_C	φ_D	φ_E	φ_F	U_{AB}	U_{BC}	U_{CD}	U_{DE}	U_{EF}	U_{FA}
	计算值/V	0	5.99	−6.01	−4.033	−5.017	0.983	−5.99	12	−1.977	0.984	−6	0.984
A	测量值/V	0	5.988	−6.012	−4.036	−5.018	0.982	−5.988	12	−1.976	0.982	−6	0.982
	相对误差/%	0	0.03	−0.03	0.07	−0.02	−0.1	0.03	0	0.05	0.2	0	0.2
	计算值/V	4.032	10.022	−1.978	0	−0.984	5.016	−5.99	12	−1.977	0.984	−6	0.984
D	测量值/V	4.036	10.024	−1.976	0	−0.982	5.018	−5.988	12	−1.976	0.982	−6	0.982
	相对误差/%	0.1	0.02	0.1	0	0.2	0.04	0.03	0	0.05	0.2	0	0.2

7.3.5　电位、电压测量及电路电位图绘制的仪器实验

按图 7.3.1 连接电路,分以下过程进行实验测量:

① 分别将两路直流稳压电源接入电路,令 $U_1 = 6$ V,$U_2 = 12$ V(先调准输出电压值,再接入实验线路中)。

② 以图 7.3.1 中的点 A 作为电位的参考点,分别测量 B、C、D、E、F 各点的电位值 φ 及相邻两点之间的电压值 U_{AB}、U_{BC}、U_{CD}、U_{DE}、U_{EF} 及 U_{FA},并记入表 7.3.2 中。

③ 以点 D 作为参考点,重复实验内容②的测量,测量数据记入表 7.3.3 中。

表 7.3.3　测量数据

电位参考点	φ 与 U	φ_A	φ_B	φ_C	φ_D	φ_E	φ_F	U_{AB}	U_{BC}	U_{CD}	U_{DE}	U_{EF}	U_{FA}
	计算值/V												
A	测量值/V												
	相对误差/%												
	计算值/V												
D	测量值/V												
	相对误差/%												

7.3.6　实验报告要求

① 写明实验目的。

② 写明实验仪器的名称和型号。

③ 写明实验内容和步骤。

④ 根据实验数据,绘制两个电位图形,并对照观察各对应两点间的电压情况。两个电位图的参考点不同,但各点的相对顺序应一致,以便对照。

⑤ 完成数据表格中的计算,对误差做必要的分析。

⑥ 若以点 F 为参考电位点,实验测得各点的电位值;现以点 E 作为参考电位点,试问

此时各点的电位值应有何变化?

　　⑦ 总结电位相对性和电压绝对性的结论。

7.4　基尔霍夫定律

 预习内容

（1）基尔霍夫定律的含义。

（2）电流表测量电流的原理与方法。

（3）根据图 7.4.2 的电路测量参数,计算待测电流 I_1、I_2、I_3 和各电阻上的电压值,记入表 7.4.2 中,以便实验测量时,可正确地选定毫安表和电压表的量程。

（4）利用 Multisim14 软件仿真进行基尔霍夫定律仿真验证方法。

7.4.1　实验目的

（1）加深对基尔霍夫定律的理解,通过实验验证基尔霍夫定律。

（2）学会用电流表测量各支路电流。

（3）进一步熟悉用 Multisim14 软件进行基尔霍夫定律仿真验证的方法。

7.4.2　实验器材

基尔霍夫定律验证实验所需器材如表 7.4.1 所示。

表 7.4.1　基尔霍夫定律验证实验器材

序号	器材名称	型号与规格	数量	备注
1	计算机与 Multisim14 软件			
2	多功能电子技术实验平台			
3	可调直流稳压电源	0～30 V 或 0～12 V; 6 V、12 V 切换	1	
4	普通或数字万用表		1	
5	直流数字毫安表		1	
6	直流数字电压表		1	

7.4.3 实验原理

(1) 基尔霍夫电流定律(KCL)

基尔霍夫电流定律是电流的基本定律。即对电路中的任一个节点而言,流入电路的任一节点的电流总和等于从该节点流出的电流总和,即 $\sum I = 0$。

(2) 基尔霍夫电压定律(KVL)

对任何一个闭合回路而言,沿闭合回路电压降的代数总和等于零,即 $\sum U = 0$。这一定律实质上是电压与路径无关性质的反映。

基尔霍夫定律的形式对各种不同的元件所组成的电路都适用,对线性和非线性都适用。运用上述定律时必须注意各支路或闭合回路中电流的正方向,此方向可预先任意设定。

基尔霍夫定律验证实验线路如图 7.4.1 所示。把开关 S_1 接通 U_1,开关 S_2 接通 U_2,就得到基尔霍夫定律验证的单元电路,如图 7.4.2 所示。

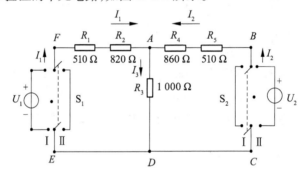

图 7.4.1 基尔霍夫定律验证

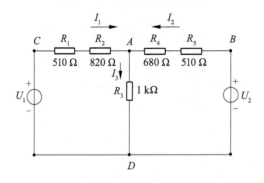

图 7.4.2 实验线路

7.4.4 基尔霍夫定律的 Multisim14 仿真实验

7.4.4.1 基尔霍夫定律验证仿真电路

在 Multisim14 仿真平台上调取直流电源、开关、电阻,按图 7.4.1 搭建如图 7.4.3 所示的仿真电路。

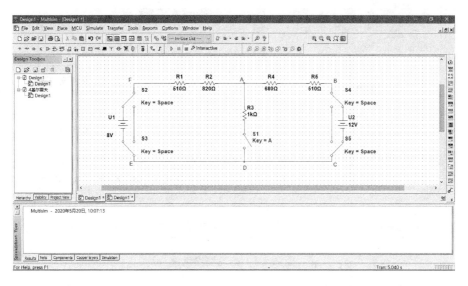

图 7.4.3 搭建仿真电路

7.4.4.2 基尔霍夫定律仿真测量

① 加入万用表后的仿真测量电路如图 7.4.4 所示。

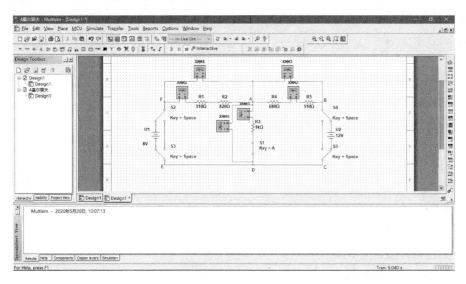

图 7.4.4 仿真测量电路

② 单击"仿真"按钮 ![按钮], 开关 S_1 闭合, 读取万用表上电流与电压读数, 如图 7.4.5 和表 7.4.2 所示。

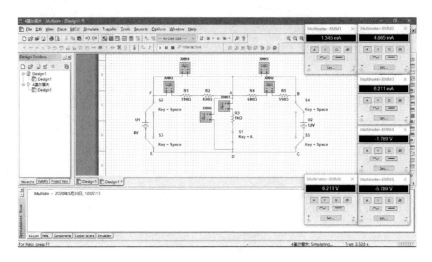

图 7.4.5 仿真测量结果

测量值 I_1、I_2、I_3 直接由 $I = U/R$ 得出，计算值 I_1、I_2、I_3 用网孔电流法算出。

表 7.4.2 仿真测得的数据

参数	I_1/mA	I_2/mA	I_3/mA	U_1/V	U_2/V	U_{AB}/V	U_{AC}/V	U_{AD}/V
计算值	1.345	4.865	6.211	8	12	−5.789	−1.789	6.211
测量值	1.345	4.865	6.211	8	12	−5.789	−1.789	6.211
相对误差	0	0	0	0	0	0	0	0

7.4.5 基尔霍夫定律的仪器实验

（1）实验前先任意设定 3 条支路和 3 个闭合回路的电流正方向

图 7.4.2 中的 I_1、I_2、I_3 的方向已设定。3 个闭合回路的电流正方向可设为 $ADCA$、$ABDA$、$CABDC$。

（2）直流稳压源接入电路

分别将两路直流稳压源接入电路，令 $U_1 = 8$ V，$U_2 = 12$ V。

（3）测量电流与电压

用电流表分别测量 3 条支路的电流，用直流数字电压表分别测量两路电源及电阻元件上的电压值，记录于表 7.4.3 中。

表 7.4.3 测量数据

参表	I_1/mA	I_2/mA	I_3/mA	U_1/V	U_2/V	U_{AB}/V	U_{AC}/V	U_{AD}/V
计算值								
测量值								
相对误差								

（4）注意事项

① 所有需要测量的电压值均以电压表测量的读数为准。U_1、U_2 也需测量,不应取电源本身的显示值。

② 防止稳压电源的两个输出端碰线短路。

③ 所读得的电压或电流值的正、负号应根据设定的电流参考方向来判断。

④ 测量时,应先估算电流、电压的大小,以选择合适的量程,以免损坏电表。

7.4.6　实验报告要求

（1）写明实验目的。

（2）写明实验仪器的名称和型号。

（3）写明实验内容和步骤。

（4）数据处理:

① 根据实验数据,选定节点 A,验证 KCL 的正确性。

② 根据实验数据,选定实验电路中的任一个闭合回路,验证 KVL 的正确性。

③ 将支路和闭合回路的电流方向重新设定,重复①、②两项验证。

（5）误差原因分析。

7.5　叠加定理

 预习内容

（1）理解叠加定理的内涵。

（2）从哪些方面考虑,能将较为复杂的电路搭建好?

（3）可否直接将图 7.5.1 中不工作的电源（U_1 或 U_2）短接置零?

（4）实验电路中,若将一个电阻器改为二极管,试问叠加原理的叠加性与齐次性还成立吗? 为什么?

（5）利用 Multisim14 软件仿真进行叠加定理仿真验证。

7.5.1　实验目的

（1）验证线性电路叠加原理的正确性,加深对线性电路的叠加性和齐次性的认识、理解。

（2）学习复杂电路的连接方法。

（3）进一步熟悉利用 Multisim14 软件仿真进行叠加定理仿真验证的方法。

7.5.2 实验器材

叠加定理仿真实验器材如表7.5.1所示。

表7.5.1 叠加定理仿真实验器材

序号	器材名称	型号与规格	数量	备注
1	计算机与Multisim14软件			
2	多功能电子技术实验平台		1	
3	直流稳压电源	0~30 V 或 0~12 V， 6 V,12 V 切换	1	
4	普通或四位半万用表		1	
5	直流数字毫安表		1	
6	直流数字电压表		1	

7.5.3 实验原理

如果把独立电源称为激励,由它引起的支路电压、电流称为响应,则叠加原理可以简述为:在有多个独立源共同作用的线性电路中,通过每一个元件的电流或其两端的电压,可以视为每一个独立源单独作用时在该元件上所产生的电流或电压的代数和。

在含有受控源的线性电路中,叠加定理也是适用的。但叠加定理不适用于功率计算,因为在线性网络中,功率是电压或者电流的二次函数。

线性电路的齐次性是指当激励信号(某独立源的值)增加或减少K倍时,电路的响应(即在电路其他各电阻元件上所建立的电流和电压值)也将增加或减小K倍。

叠加原理验证实验线路如图7.5.1所示。

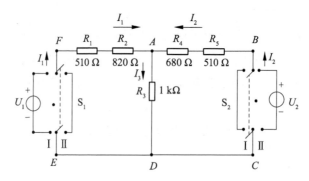

图7.5.1 叠加原理验证实验线路

7.5.4　叠加定理的 Multisim14 仿真实验

7.5.4.1　U_1 单独作用

（1）U_1 单独作用的仿真电路

在 Multisim14 仿真平台上调取直流电源、开关、电阻，按图 7.5.1 搭建如图 7.5.2 所示的仿真电路。

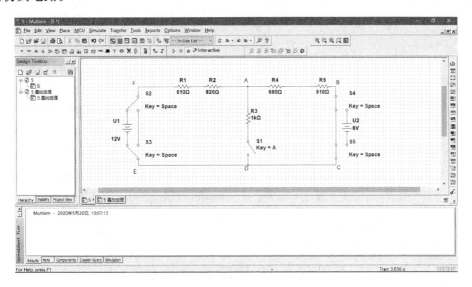

图 7.5.2　搭建 U_1 单独作用仿真电路

（2）U_1 单独作用仿真测量

① U_1 单独作用仿真测试电路如图 7.5.3 所示。

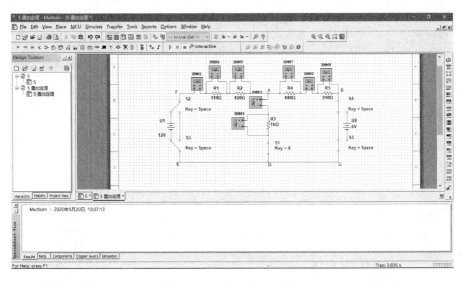

图 7.5.3　U_1 单独作用仿真测试电路

② 单击"仿真"按钮 ▷ ▮▮ ▪ ，闭合开关 S_1，读取万用表上电流与电压读数，如图 7.5.4 和表 7.5.2 所示。

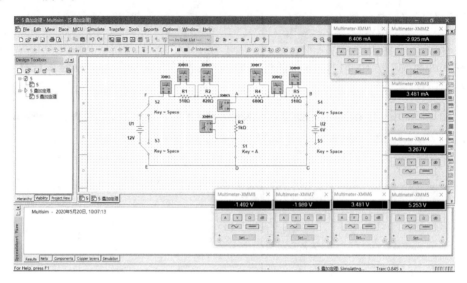

图 7.5.4　U_1 单独作用时仿真测量

7.5.4.2　U_2 单独作用

（1）U_2 单独作用的仿真电路

在 Multisim14 仿真平台上调取直流电源、开关、电阻，按图 7.5.1 搭建如图 7.5.5 所示的仿真电路。

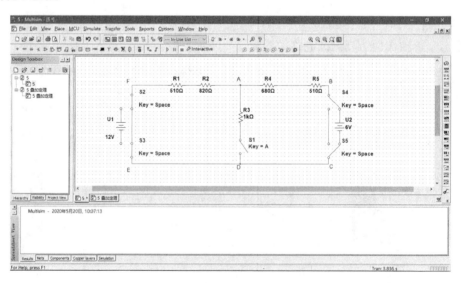

图 7.5.5　搭建 U_2 单独作用仿真电路

（2）U_2 单独作用仿真测量

如同"U_1 单独作用"仿真测量过程，这里不再赘述。仿真测得的数据如图 7.5.6 和表 7.5.2 所示。

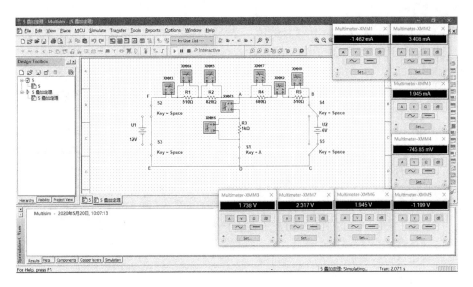

图 7.5.6　U_2 单独作用仿真测量

7.5.4.3　U_1 和 U_2 同时作用

（1）U_1 和 U_2 同时作用仿真电路

与"U_1 单独作用"的具体步骤相同，这里不再重复。将开关 S_4 与 S_5 接到 U_2 上，开关 S_2 与 S_3 接到 U_1 上。U_1 和 U_2 同时作用仿真测量电路如图 7.5.7 所示。

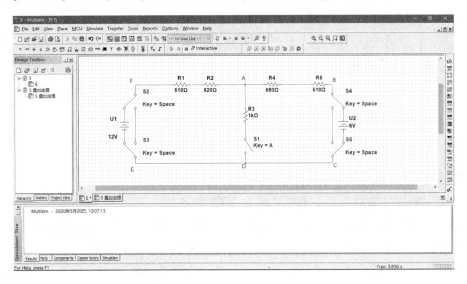

图 7.5.7　U_1 和 U_2 同时作用仿真电路

（2）U_1 和 U_2 共同作用仿真测量

U_1 和 U_2 共同作用仿真测量过程"U_1 单独作用"仿真测量过程，这里不再赘述。仿真测得的数据如图 7.5.8 和表 7.5.2 所示。

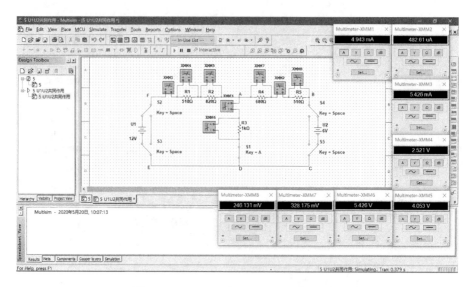

图 7.5.8 U_1、U_2 共同作用仿真测量数据

表 7.5.2 仿真测得的数据

测量项目	U_1/V	U_2/V	I_1/mA	I_2/mA	I_3/mA	U_{R_1}/V	U_{R_2}/V	U_{R_3}/V	U_{R_4}/V	U_{R_5}/V
U_1 单独作用	12	0	6.406	-2.925	3.481	3.267	5.253	3.481	-1.989	-1.492
U_2 单独作用	0	6	-1.462	3.408	1.945	-0.746	-1.199	1.945	2.317	1.738
U_1、U_2 共同作用	12	6	4.943	0.432	5.426	2.521	4.053	5.426	0.328	0.246

7.5.5 叠加定理的仪器实验

按图 7.5.1 组装电路,并按下列内容分别进行实验:

① 将两路稳压源的输出分别调节为 $U_1 = 12$ V 和 $U_2 = 6$ V,接到 U_1 和 U_2 处。

② U_1 电源单独作用(将开关 S_1 投向 U_1,开关 S_2 投向短路侧)。用直流数字电压表和毫安表分别测量各支路的电流及各电阻元件两端的电压,记入表 7.5.3 中。

③ U_2 电源单独作用(将开关 S_1 投向短路侧,开关 S_2 投向 U_2 侧),重复实验步骤②的测量,实验测试数据记入表 7.5.3 中。

④ U_1 和 U_2 共同作用(开关 S_1 和开关 S_2 分别投向 U_1 和 U_2 侧),重复实验步骤②的实验测量数据,记入表 7.5.3 中。

⑤ 将 U_2 的数值调至 +12 V,重复上述第 3 项的实验测量数据,记入表 7.5.3 中。

表 7.5.3　数据记录

测量项目	U_1/V	U_2/V	I_1/mA	I_2/mA	I_3/mA	U_{R_1}/V	U_{R_2}/V	U_{R_3}/V	U_{R_4}/V	U_{R_5}/V
U_1 单独作用										
U_2 单独作用										
U_1、U_2 共同作用										

7.5.5.6　注意事项

① 用电流表测量各支路电流时,或者用电压表测量电压降时,应注意仪表的极性,正确判断测得值的"＋""－"号后,记入数据表格。

② 注意仪表量程的及时调整。

7.5.6　实验报告要求

(1) 写明实验目的。

(2) 写明实验仪器名称和型号。

(3) 写明实验内容和步骤。

(4) 根据实验数据表格,进行分析、比较、归纳并总结实验结论,即验证线性电路的叠加性与齐次性。

(5) 回答下列问题:

① 各电阻器所消耗的功率能否用叠加原理计算得出? 试用上述实验数据进行计算并得出结论。

② 可否直接将不工作的电源(U_1 或 U_2)短接置零?

③ 实验电路中,若将一个电阻器改为二极管,试问叠加原理的叠加性与齐次性还成立吗? 为什么?

7.6　戴维南定理

 预习内容

(1) 了解戴维南定理的含义。

(2) 在求戴维南等效电路时,做短路实验,测量 I_{sc} 的条件是什么? 在实验中可否直接做负载短路实验?

(3) 熟悉测有源二端网络开路电压及等效内阻的几种方法,并比较其优缺点。

(4) 利用 Multisim14 软件仿真进行戴维南定理仿真验证。

7.6.1 实验目的

（1）验证戴维南定理,加深对戴维南定理的理解。

（2）掌握有源二端口网络等效电路参数的测量方法。

（3）进一步熟悉用 Multisim14 软件仿真进行戴维南定理仿真验证的方法。

7.6.2 实验器材

戴维南定理仿真实验器材如表 7.6.1 所示。

表 7.6.1　戴维南定理仿真实验器材

序号	名称	型号与规格	数量	备注
1	计算机与 Multisim14 软件			
2	多功能电子技术实验平台			
3	可调直流稳压电源	0～30 V 或 0～12 V	1	
4	可调直流恒流源		1	
5	普通或四位半万用表		1	
6	直流数字毫安表		1	
7	直流数字电压表		1	
8	电位器	670 Ω	1	

7.6.3 实验原理

7.6.3.1 戴维南定理

任何一个线性含源网络,如果仅研究其中一条支路的电压和电源,则可将电路的其余部分看作是一个有源二端口网络(或称为有源二端网络)。

戴维南定理指出:任何一个线性有源二端口网络,总可以用一个电压源和一个电阻的串联来等效代替,如图 7.6.1 所示。实验参考电路及元件参数如图 7.6.2 所示。

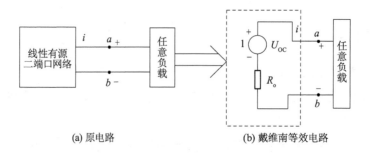

(a) 原电路　　　　　　　　(b) 戴维南等效电路

图 7.6.1　戴维南定理

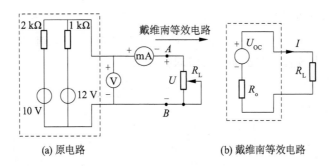

(a) 原电路　　　　　　　　　(b) 戴维南等效电路

图 7.6.2　被测有源二端网络

电压源的电动势 U_S 等于这个有源二端口网络的开路电压 U_{OC},其等效内阻 R_o 等于该网络中所有独立源均置零(理想电压源视为短接,理想电流源视为开路)时的等效电阻。

$U_{OC}(U_S)$ 和 R_o 称为有源二端口网络的等效参数。

7.6.3.2　有源二端口网络等效参数的测量方法

(1)开路电压、短路电流法测量 R_o

在有源二端口网络输出端开路时,用电压表直接测其输出端的开路电压 U_{OC},然后再将其输出端短路,用电流表测其短路电流 I_{SC},其等效内阻 $R_o = U_{OC}/I_{SC}$。如果二端网络的内阻很小,将其输出端口短路,则易损坏其内部元件,因此不宜用此法。

(2)伏安法

用电压表、电流表测量有源二端网络的外特性,如图 7.6.3 所示。根据外特性曲线求出斜率 $\tan \phi$,则内阻为

$$R_o = \frac{\Delta U}{\Delta I} = \frac{U_{OC}}{I_{SC}} = \tan \phi$$

也可先测量 U_{OC},再测量电流为额定值 I_N 时的输出端电压值 U_N,则内阻为

$$R_o = \frac{U_{OC} - U_N}{I_N}$$

若二端网络的内阻值很低,则不宜测其短路电流。

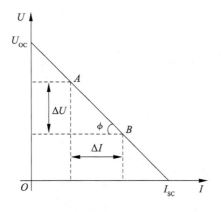

图 7.6.3　有源二端网络的外特性

（3）半电压法测量 R_o

如图 7.6.4 所示，当负载 R_L 的电压为被测网络开路电压的一半时，负载电阻（由电阻箱的读数确定）即为被测有源二端口网络的等效内阻值。

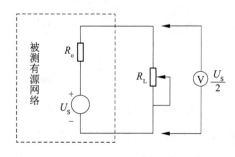

图 7.6.4　半电压法

（4）零示法测量 U_{OC}

在测量具有高内阻有源二端口网络的开路电压时，用电压表直接测量会造成较大的误差。为了消除电压表内阻的影响，往往采用零示法测量 U_{OC}，如图 7.6.5 所示。

零示法测量原理是用一低内阻的稳压电源与被测有源二端网络进行比较，当稳压电源的输出电压与有源二端网络的开路电压相等时，电压表的读数为"0"。然后将电路断开，测量此时稳压电源的输出电压，即为被测有源二端网络的开路电压。

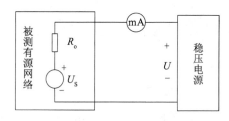

图 7.6.5　零示法

7.6.4　戴维南定理的 Multisim14 仿真实验

7.6.4.1　用开路电压法测 U_{OC}，用短路电流法测 I_{SC}

（1）搭建仿真测量电路

在 Multisim14 仿真平台上调取直流电源、开关、电阻、可变电阻器、万用表，按图 7.6.2 a 搭建如图 7.6.6 所示的仿真测量电路。

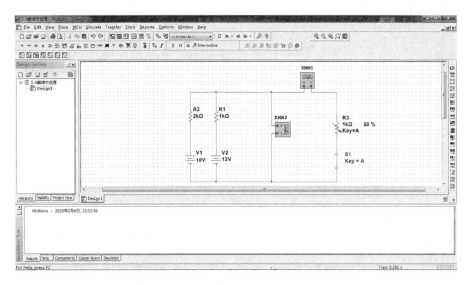

图 7.6.6　用开路电压法测量 U_{OC}，用短路电流法测量 I_{SC} 电路搭建

（2）仿真测量

① 用开路电压法仿真测得 U_{OC} 的数据，如图 7.6.7 所示。单击"仿真"按钮 ，断开开关 S_1，读取万用表电压读数，如表 7.6.2 所示。

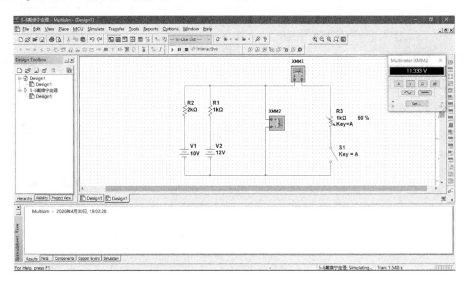

图 7.6.7　用开路电压法测量 U_{OC}

② 用短路电流法仿真测得 I_{SC} 的数据，如图 7.6.8 所示。单击"仿真"按钮 ，闭合开关 S_1，读取万用表电流读数，如表 7.6.2 所示。

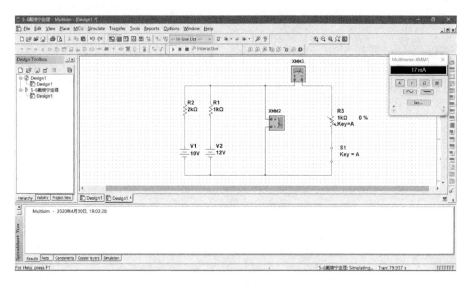

图 7.6.8 用短路电流法测量 I_{sc}

表 7.6.2 仿真测得的数据

U_{OC}/V	I_{SC}/mA	R_o/Ω
11.333	17	666.7

7.6.4.2 接入负载的仿真实验

(1)搭建仿真测量电路

仿真电路搭建方法同"7.6.4.1 用开路电压法测 U_{OC},用短路电流法测 I_{SC}"。仿真测量电路如图 7.6.9 所示。将仿真测试数据记入表 7.6.3 中。

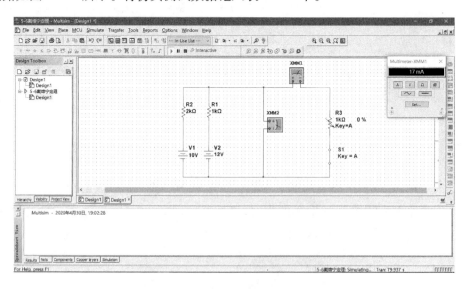

图 7.6.9 接入负载的仿真测量电路

（2）接入负载的仿真测量数据如图7.6.10和表7.6.3所示。

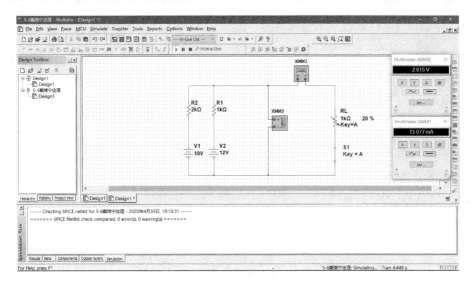

图7.6.10　接入负载的仿真测量数据

其余的仿真测量数据，只需调节可变电阻器阻值，依次测量即可，数据如表7.6.3所示。

表7.6.3　仿真测得的数据

R_L/Ω	200	300	400	500	600	700	800
U/V	2.615	3.517	4.25	4.857	5.368	5.805	6.182
I/mA	13.077	11.724	1.625	9.714	8.947	8.293	7.727

7.6.4.3　戴维南定理的仿真验证

（1）搭建仿真测量电路

在Multisim14仿真平台上调取直流电源、开关、电位器、可变电阻器，万用表，搭建如图7.6.11所示的仿真测量电路。

電路分析仿真与实验教程

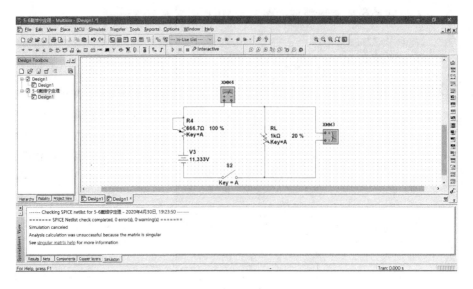

图 7.6.11　搭建仿真测量电路

（2）仿真测量

仿真测得的数据如图 7.6.12 和表 7.6.4 所示。

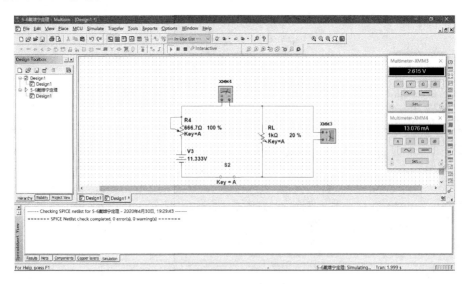

图 7.6.12　仿真测量数据

其余的仿真测量数据，只需调节可变电阻器阻值，依次测量即可，数据记录于表7.6.4 中。

表 7.6.4　数据记录

R_L/Ω	200	300	400	500	600	700	800
U/V	2.615	3.517	4.25	4.857	5.368	5.805	6.181
I/mA	13.067	11.723	10.624	9.714	8.947	8.292	7.727

168

7.6.4.4　有源二端网络等效电阻(又称入端电阻)的直接测量法

(1) 搭建仿真测量电路

在 Multisim14 仿真平台上调取开关、电阻、可变电阻器、万用表,搭建如图 7.6.13 所示的仿真测量电路。

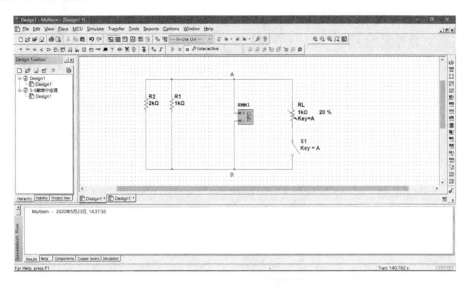

图 7.6.13　搭建仿真测量电路

(2) 仿真测量

单击"仿真"按钮 ，断开开关 S_1，测得负载 R_L 开路时 A、B 两点间的电阻读数,用万用表欧姆挡测量,如图 7.6.14 所示。

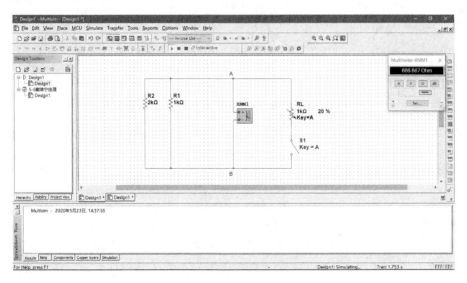

图 7.6.14　负载 R_L 开路时 A、B 两点间的电阻测量

7.6.5 戴维南定理的仪器实验

按图 7.6.2 连接，被测有源二端网络，然后进行如下实验：

（1）用开路电压、短路电流法测定戴维南等效电路的 U_{OC}、R_o。

按图 7.6.2 a 接入稳压电源 $U_{S1} = 10$ V，$U_{S2} = 12$ V，接入负载 R_L（自己选定）。测量 U_{OC} 和 I_{SC}，并计算 R_o（测量 U_{OC} 时，不接入毫安表）。数据记入表 7.6.5 中。

表 7.6.5　戴维南等效电路实验测试数据

U_{OC}/V	I_{SC}/mA	R_0/Ω

（2）负载实验

按图 7.6.2 a 接入 R_L，改变 R_L 阻值，测量有源二端口网络的外特性曲线。负载实验测试数据记录于表 7.6.6 中。

表 7.6.6　负载实验测试数据

R_L/Ω	200	300	400	500	600	700	800
U/V							
I/mA							

（3）戴维南定理的实验验证

用一只 1 000 Ω 的电位器作为 R_o，将其阻值调整到与所得的等效电阻 R_o 之值相等，然后令其与直流稳压电源 U_{S1}（调到开路电压、短路电流测量所测得的开路电压 U_{OC} 之值）串联，如图 7.6.2 b 所示，把 U_{S1} 和 R_L 串联成一个回路。仿照"负载实验"测其外特性，对戴维南定理进行验证，实验测试数据记录于表 7.6.7 中。

表 7.6.7　戴维南定理验证实验测试数据

R_L/Ω	200	300	400	500	666	700	800
U/V							
I/mA							

（4）有源二端网络等效电阻（又称入端电阻）的直接测量法

如图 7.6.2 a 所示，将被测有源网络的所有独立源置零（去掉电压源 U_S，并在原电压源所接的两点用一根短路导线相连），然后直接用万用表的欧姆挡去测定负载 R_L 开路时 A、B 两点间的电阻，此即为被测网络的等效电阻 R_o，或称网络的入端电阻 R_i。

（5）等效内阻 R_o 和开路电压 U_{OC} 的测量

用半电压法和零示法测量被测网络的等效内阻 R_o 及其开路电压 U_{OC}，实验线路及数据表格自拟。

（6）注意事项

① 测量时,应注意电流表量程的调整。

② 电压源置零时不可将稳压源短接。

③ 用万用表直接测 $R_。$ 时,网络内的独立源必须先置零,以免损坏万用表;欧姆表必须经调零后再进行测量。

④ 改接线路时,要切断电源。

7.6.6　实验报告要求

（1）写明实验目的。

（2）写明实验仪器名称和型号。

（3）写明实验内容和步骤。

（4）数据处理:

① 据（2）、（3）分别绘出曲线,验证戴维南定理的正确性,并分析产生误差的原因。

② 根据 7.6.5 中（1）、（4）、（5）的几种方法测得 U_{OC} 与 $R_。$,与预习时电路计算的结果做比较。

（5）归纳并总结实验结果。

7.7　RLC 串联谐振电路

 预习内容

（1）根据实验线路板给出的元件参数值,估算电路的谐振频率。

（2）改变电路的哪些参数可以使电路发生谐振,电路中 R 的数值是否影响谐振频率值?

（3）如何判别电路是否发生谐振? 测试谐振点的方案有哪些?

（4）电路发生串联谐振时,为什么输入电压不能太大? 如果信号源给出 3 V 的电压,电路谐振时,用交流毫伏表测量 U_{L} 和 U_{C},应该选择多大的量程?

（5）要提高 RLC 串联电路的品质因数,电路参数应如何改变?

（6）在谐振时,对应的 U_{L} 与 U_{C} 是否相等? 如有差异,原因何在?

（7）利用 Multisim14 软件仿真进行 RLC 串联谐振电路仿真。

7.7.1　实验目的

（1）学习用实验方法绘制 RLC 串联电路的幅频特性曲线。

（2）加深理解电路发生谐振的条件、特点,掌握电路品质因数(电路 Q 值)的物理意义及其测定方法。

（3）进一步熟悉用 Multisim14 软件进行 RLC 串联谐振电路仿真的方法。

7.7.2 实验器材

RLC 串联谐振电路仿真实验器材如表 7.7.1 所示。

表 7.7.1 RLC 串联谐振电路仿真实验器材

序号	器材名称	型号与规格	数量	备注
1	计算机与 Multisim14 软件		1	
2	多功能电子技术实验平台		1	
3	信号发生器		1	
4	交流毫伏表		1	
5	数字示波器		1	
6	元件	$R=330\ \Omega,2.2\ k\Omega$; $C=3\ 300\ pF;L\approx30\ mH$	若干	
7	频率计		1	

7.7.3 实验原理

7.7.3.1 RLC 串联电路和谐振曲线

在图 7.7.1 a 所示的 RLC 串联电路中,当正弦交流信号源的频率 f 改变时,电路中的感抗、容抗随之而变,电路中的电流也随 f 而变。取电阻 R 上的电压 U_o 作为响应,当输入电压 U_i 的幅值维持不变时,在不同频率的信号激励下,测出 U_o 之值,然后以 f 为横坐标,以 U_o/U_i 为纵坐标(因 U_i 不变,故也可直接以 U_o 为纵坐标)绘出光滑的曲线,此即幅频特性曲线,亦称谐振曲线,如图 7.7.1 b 所示。

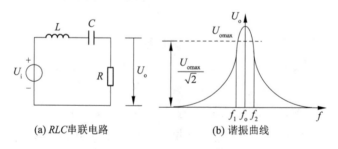

(a) RLC 串联电路　　(b) 谐振曲线

图 7.7.1 RLC 串联电路和谐振曲线

7.7.3.2 谐振频率

$f=f_o=\dfrac{1}{2\pi\sqrt{LC}}$ 处,即幅频特性曲线尖峰所在的频率点称为谐振频率。此时 $X_L=X_C$,

电路呈纯阻性,电路阻抗的模为最小。在输入电压 U_i 为定值时,电路中的电流达到最大值,且与输入电压 U_i 同相位。从理论上讲,此时 $U_i = U_R = U_o$,$U_L = U_C = QU_i$,其中,Q 称为电路的品质因数。

7.7.3.2　电路品质因数 Q 值的两种测量方法

电路品质因素的监测电路如图 7.7.2 所示。一种方法是根据公式 $Q = U_L/U_o = U_C/U_o$ 测定,U_C 与 U_L 分别为谐振时电容器 C 和电感线圈 L 上的电压;另一种方法是通过测量谐振曲线的通频带宽度 $\Delta f = f_2 - f_1$,再根据 $Q = f_o/(f_2 - f_1)$ 求出 Q 值,f_o 为谐振频率,f_2 和 f_1 是失谐时,亦即输出电压的幅度下降到最大值的 $1/\sqrt{2}$($= 0.707$)倍时的上、下频率点。Q 值越大,曲线越尖锐,通频带越窄,电路选择性越好。在恒压源供电时,该电路的品质因数、选择性与通频带只决定于电路本身的参数,而与信号源无关。

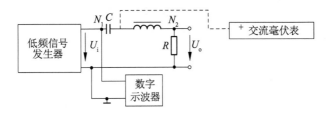

图 7.7.2　监测电路

7.7.4　RLC 串联谐振电路的 Multisim14 仿真实验

7.7.4.1　搭建监测仿真电路

在 Multisim14 仿真平台上调取信号发生器、电容、电感、地线、电阻和示波器,搭建如图 7.7.3 所示的仿真电路,并设置信号源输出电压 $U_o = 4U_{P-P}$。

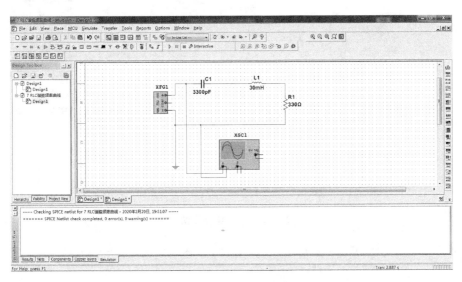

图 7.7.3　搭建仿真电路

7.7.4.2 计算谐振频率 f_o。

由 $f_o = \dfrac{1}{2\pi\sqrt{LC}}$ 计算得 $f_o \approx 15\ 996$ Hz。

7.7.4.3 谐振曲线仿真测量

① 搭建谐振曲线仿真测量电路,如图 7.7.4 所示。

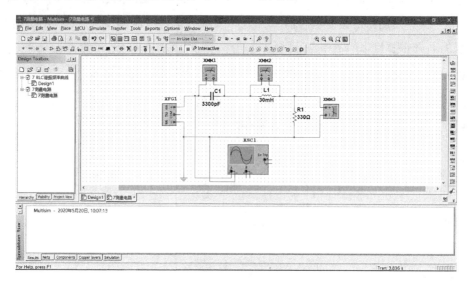

图 7.7.4　搭建谐振曲线仿真测量电路

② 单击"仿真"按钮 ，读取万用表电压读数,如图 7.7.5 和如表 7.7.2 所示。

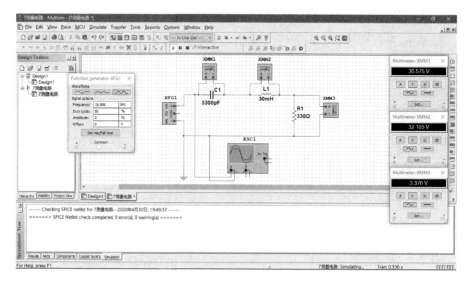

图 7.7.5　仿真测量结果

改变信号发生器的输入频率,仿真测量对应的数据如表 7.7.2 所示。

表 7.7.2　仿真测得的数据

f/kHz	20.996	19.996	18.996	17.996	16.996	16.496	16.463	15.996	15.496	14.996	14.810	13.996	12.996	11.996
U_o/V	0.681	0.812	1.012	1.351	2.019	2.608	2.656	3.376	3.755	2.965	2.654	1.728	1.092	0.771
U_L/V	8.275	9.383	11.106	14.086	20.026	25.371	25.79	32.19	34.704	26.273	23.115	14.239	8.541	5.798
U_C/V	4.557	5.715	7.515	10.633	16.954	22.729	23.19	30.58	34.978	28.428	25.601	17.279	11.715	8.928

$U_i = 4U_{P-P}$, $C = 3\ 300$ pF, $R = 330\ \Omega$, $f_o = 15\ 496$ Hz, $f_2 - f_1 = 16\ 463$ Hz $- 14\ 810$ Hz $= 1\ 653$ Hz, $Q \approx 9.4$

根据表 7.7.2 的数据,画出 RLC 谐振曲线如图 7.7.6 所示。

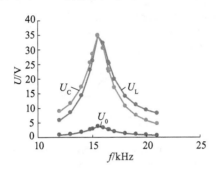

图 7.7.6　RLC 谐振曲线

7.7.4.4　电阻 R 值对谐振曲线的影响

（1）搭建仿真测量电路

只需将图 7.7.3 的电路中 R_1 阻值换成 2.2 $k\Omega$ 即可,如图 7.7.7 所示。

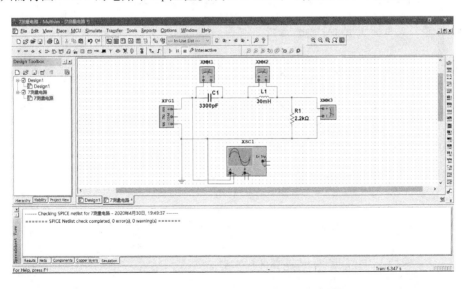

图 7.7.7　电阻 R 值对谐振曲线的影响电路搭建

（2）仿真测量

当输入频率为 15 996 Hz 时,仿真测量数据如图 7.7.8 所示。改变输入频率,测量相应的数据,如表 7.7.3 所示。

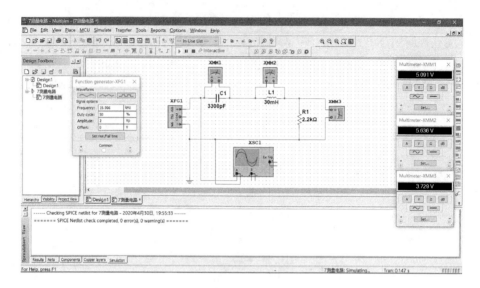

图 7.7.8　输入频率为 15 996 Hz 时仿真测量数据

表 7.7.3　电阻 *R* 值对谐振曲线的影响仿真实验数量

f/kHz	22.298	20.996	19.996	18.996	17.996	16.996	16.496	15.996	15.496	14.996	13.996	12.996	11.996	10.888
U_o/V	2.649	2.883	3.077	3.277	3.468	3.63	3.689	3.729	3.746	3.696	3.593	3.352	3.037	2.648
U_L/V	5.432	5.584	5.696	5.784	5.829	5.796	5.738	5.636	5.52	5.313	4.856	4.297	3.754	3.194
U_C/V	2.578	2.99	3.361	3.778	4.227	4.685	4.902	5.091	5.278	5.418	5.559	5.535	5.391	5.138

$U_i = 4U_{P-P}$，$C = 3\,300$ pF，$R = 2.2$ kΩ，$f_o = 15\,496$ Hz，$f_2 - f_1 = 22\,298$ Hz $- 10\,888$ Hz $= 11\,410$ Hz，$Q \approx 1.4$

根据表 7.7.3 的数据，画出此时 *RLC* 谐振曲线如图 7.7.9 所示。

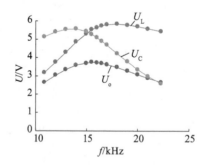

图 7.7.9　*RLC* 谐振曲线

7.7.5　*RLC* 串联谐振电路的仪器实验

7.7.5.1　监测电路

按图 7.7.2 搭建监视、测量电路。先选用 C_1、R_1，用万用表的交流毫伏挡测量电压，用示波器监视信号源输出。令信号源输出电压 $U_i = 4U_{P-P}$，并保持不变。

7.7.5.2　确定电路的谐振频率 f_o

将毫伏表接在 R(330 Ω)两端,令信号源的频率由小逐渐变大(注意要维持信号源的输出幅度不变),当 U_o 的读数为最大时,读得频率计上的频率值即为电路的谐振频率 f_o,并测量 U_C 与 U_L 之值,注意及时调整换毫伏表的量程。

7.7.5.3　谐振曲线

在谐振点两侧,按频率递增或递减 500 Hz 或 1 kHz,依次各取 8 个测量点,逐点测出 U_o、U_L、U_C 之值,数据记入表 7.7.4 中。

表 7.7.4　谐振曲线仪器实验测量数据

f/kHz												
U_o/V												
U_L/V												
U_C/V												
$U_i=4U_{P-P}$, $C=3\ 300$ pF, $R=330$ Ω, $f_o=$ _____ , $f_2-f_1=$ _____ , $Q=$ _____												

7.7.5.4　电阻 R 值对谐振曲线的影响

改变电阻值,重复 7.7.5.2 和 7.7.5.3 的测量过程,将实验数据记入表 7.7.5 中。

表 7.7.5　电阻 R 值对谐振曲线的影响实验测量数据

f/kHz												
U_o/V												
U_L/V												
U_C/V												
$U_i=4U_{P-P}$, $C=3\ 300$ pF, $R=2.2$ kΩ, $f_o=$ _____ , $f_2-f_1=$ _____ , $Q=$ _____												

7.7.5.5　注意事项

① 测试频率点的选择应在靠近谐振频率附近多取几点。在变换频率测试前,应调整信号输出幅度(用示波器监视输出幅度)使其维持在 $4U_{P-P}$。

② 测量 U_C 和 U_L 数值前,应将交流毫伏表的量程改大,而且在测量 U_L 与 U_C 时毫伏表的“＋”端应接电容 C 与电感 L 的公共点。

7.7.6　实验报告要求

(1)写明实验目的。

(2)写明实验仪器名称和型号。

(3)写明实验内容和步骤。

(4)数据处理:

① 根据测量数据,绘出不同 Q 值时 3 条幅频特性曲线,即

$$U_o = f(f) , U_L = f(f) , U_C = f(f)$$

② 计算通频带与 Q 值,说明不同 R 值对电路通频带与品质因数的影响。

③ 对两种不同的测量 Q 值的方法进行比较,分析误差原因。

④ 谐振时,比较输出电压 U_o 与输入电压 U_i 是否相等? 试分析原因。

(5) 总结、归纳串联谐振电路的特性。

7.8 最大功率传输条件

 预习内容

(1) 电力系统进行电能传输时,为什么不能工作在"匹配"工作状态?

(2) 实际应用中,电源的内阻是否随负载而变?

(3) 电源电压的变化对最大功率传输的条件有无影响?

(4) 利用 Multisim14 软件进行最大功率传输条件仿真测试。

7.8.1 实验目的

(1) 掌握负载获得最大传输功率的条件。

(2) 了解电源输出功率与效率的关系。

(3) 进一步熟悉用 Multisim14 软件进行最大功率传输条件仿真测试的方法。

7.8.2 实验器材

最大功率传输条件仿真实验所需器材如表 7.8.1 所示。

表 7.8.1　最大功率传输条件仿真实验器材

序号	器材名称	型号规格	数量	备注
1	计算机与 Multisim14 软件		1	
2	多功能电子技术实验平台		1	
3	可调直流稳压电源	0 ~ 30 V	1	
4	直流数字电压表	0 ~ 200 V	1	
5	直流数字毫安表	0 ~ 200 mA	1	

7.8.3　实验原理

7.8.3.1　电源与负载功率的关系

图 7.8.1 为由电源向负载输送电能电路，R_o 可视为电源内阻和传输线路电阻的总和，R_L 为可变负载电阻。

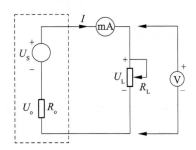

图 7.8.1　电源向负载输送电能电路

负载 R_L 上消耗的功率为

$$P = I^2 R_L = (\frac{U_S}{R_o + R_L})^2 R_L$$

当 $R_L = 0$ 或 $R_L = \infty$ 时，电源输送给负载的功率均为 0。而以不同的 R_L 值代入上式可求得不同的 P 值，其中必有一个 R_L 值，使负载能从电源处获得最大的功率。

7.8.3.1　负载获得最大功率的条件

根据数学求最大值的方法，令负载功率表达式中的 R_L 为自变量，P 为因变量，并使

$$\frac{\mathrm{d}P}{\mathrm{d}R_L} = \frac{[(R_o + R_L)^2 - 2R_L(R_L + R_o)]U_S^2}{(R_o + R_L)^4} = 0$$

令 $(R_L + R_o)^2 - 2R_L(R_L + R_o) = 0$，解得

$$R_L = R_o$$

即由 $\mathrm{d}P/\mathrm{d}R_L = 0$，可求得最大功率传输的条件为

$$R_L = R_o$$

当满足 $R_L = R_o$ 时，负载从电源获得的最大功率为

$$P_{max} = \frac{U_S^2}{4R_o}$$

这时，称此电路处于"匹配"工作状态。

7.8.3.2　匹配电路的特点及应用

在电路处于"匹配"状态时，电源本身要消耗一半的功率。此时电源的效率只有 50%。显然，对于电力系统的能量传输过程这是绝对不允许的。发电机的内阻很小，电路传输的最主要指标是高效率送电，最好是功率 100% 传送给负载。为此，负载电阻应远大于电源的内阻，即不允许运行在匹配状态。而在电子技术领域里却完全不同。一般的信

号源本身功率较小,且都有较大的内阻。而负载电阻(如扬声器等)往往阻值较小,且希望能从电源获得最大的功率输出,因此电源的效率往往不予考虑。通常,设法改变负载电阻,或者在信号源与负载之间加阻抗变换器(如音频功放的输出级与扬声器之间的输出变压器),使电路处于工作匹配状态,以使负载能获得最大的输出功率。

7.8.4　最大功率传输条件的 Multisim14 仿真实验

7.8.4.1　最大功率传输条件的仿真电路

在 Multisim14 仿真平台上调取直流电源、开关、电阻和可变电阻器,按图 7.8.1 搭建如图 7.8.2 所示的仿真电路。

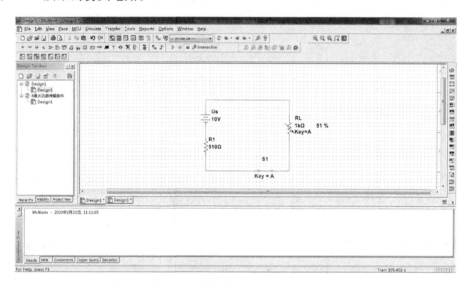

图 7.8.2　搭建最大功率传输条件的仿真电路

7.8.4.2　最大功率传输条件的仿真测量

(1) 仿真测量电路

加入万用表后,得仿真测量电路,如图 7.8.3 所示。

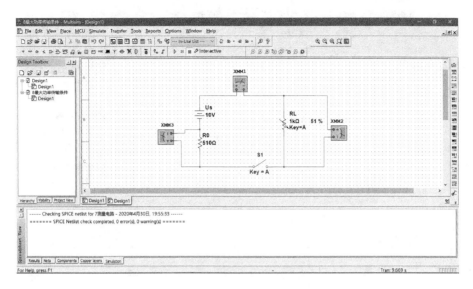

图 7.8.3　仿真测量电路

（2）仿真测量

① 单击"仿真"按钮 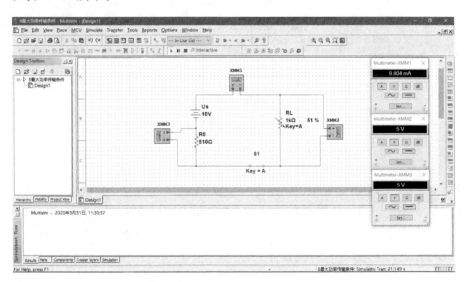，闭合开关 S_1，当 $R_L = 510$ Ω 时，仿真测得的数据如图 7.8.4 和表 7.8.2 所示。

图 7.8.4　$R_L = 510$ Ω 时数据读取

② 当可调电阻器阻值为 500 Ω 时，各万用表电压读数如图 7.8.5 所示。

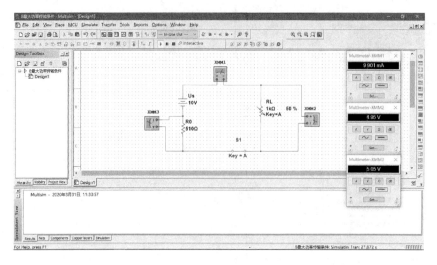

图 7.8.5　可调电阻阻值为 500 Ω 时,万用表电压读数

调节可变电阻器阻值,测量相应的电压,如表 7.8.2 所示。其中,$P_o = U_o I$,$P_L = U_L I$。

表 7.8.2　仿真测量数据

	R_L/Ω	200	300	400	500	510	550	600	800	1 000
$U_S = 10\text{ V}$ $R_o = 510\ \Omega$	U_o/V	7.183	6.296	5.604	5.05	5	4.811	4.595	3.893	3.377
	U_L/V	2.817	3.704	4.396	4.95	5	5.189	5.405	6.107	6.623
	I/mA	14.085	12.346	10.989	9.901	9.804	9.434	9.009	7.634	6.623
	P_o/mW	101.173	77.730	61.582	50.000	49.02	45.387	41.396	29.719	22.366
	P_L/mW	39.677	45.730	48.308	49.01	49.02	48.953	48.694	46.621	43.864

7.8.5　最大功率传输条件的仪器实验

① 按图 7.8.1 接线。

② 令 R_L 在 0 ~ 1 kΩ 范围内变化,分别测量 U_o、U_L 及 I 的值,U_o、P_o 分别为稳压电源的输出电压和功率,U_L、P_L 分别为 R_L 二端的电压和功率,I 为电路的电流。在 P_L 最大值附近应多测几点,相应数据记于表 7.3.3。

表 7.8.3　实验测量数据

	R_L/Ω	200	300	400				600	800	1 000
$U_S = 10\text{ V}$ $R_o = 510\ \Omega$	U_o/V									
	U_L/V									
	I/mA									
	P_o/mW									
	P_L/mW									

7.8.6 实验报告要求

(1) 写明实验目的。

(2) 写明实验仪器名称和型号。

(3) 写明实验内容和步骤。

(4) 数据处理:

① 整理实验数据,画出下列各关系曲线:

$$I \sim R_L, U_o \sim R_L, U_L \sim R_L, P_o \sim R_L, P_L \sim R_L$$

② 根据实验结果,说明负载获得最大功率的条件是什么?

(5) 归纳并总结实验结果。

7.9 电压源与电流源的等效变换

 预习内容

(1) 通常直流稳压电源的输出端不允许短路,直流恒流源的输出端不允许开路,为什么?

(2) 电压源与电流源的外特性为什么呈下降趋势,稳压源和恒流源的输出在任何负载下是否保持恒值?

(3) 利用 Multisim14 软件进行电压源与电流源等效变换仿真实验。

7.9.1 实验目的

(1) 掌握电源外特性的测试方法。

(2) 验证电压源与电流源等效变换的条件。

(3) 进一步熟悉用 Multisim14 软件进行电压源与电流源等效变换仿真的方法。

7.9.2 实验器材

电压源与电流源的等效变换仿真实验器材如表 7.9.1 所示。

表 7.9.1 电压源与电流源的等效变换仿真实验器材

序号	器材名称	型号与规格	数量	备注
1	计算机与 Multisim14 软件		1	
2	多功能电子技术实验平台		1	
3	可调直流稳压电源	$0 \sim 30$ V	1	

序号	器材名称	型号与规格	数量	备注
4	可调直流恒流源	0 ~ 500 mA	1	
5	直流数字电压表	0 ~ 200 V	1	
6	直流数字毫安表	0 ~ 2 000 mA	1	
7	普通或四位半万用表		1	

7.9.3　实验原理

7.9.3.1　理想电压源与电流源

一个直流稳压电源在一定的电流范围内,具有很小的内阻。在实际应用中,常将直流稳压电源视为一个理想的电压源,即其输出电压不随负载电流而变,如图 7.9.1 所示。其伏安特性曲线 $U = f(I)$ 是一条平行于 I 轴的直线。在实际应用中,一个恒流源在一定的电压范围内,可视为一个理想的电流源,其输出电流不随负载改变而变化。

7.9.3.2　实际电压源与电流源

一个实际的电压源(或电流源),其端电压(或输出电流)不可能不随负载而变,因为它具有一定的内阻值。实验中,常用一个小阻值的电阻(或大电阻)与稳压源(或恒流源)相串联(或并联)来模拟实际的电压源(或电流源)。实际电压源、电流源及其外特性电路如图 7.9.2 所示。

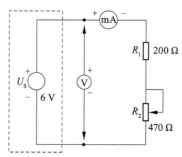

图 7.9.1　理想电压源及其外特性电路

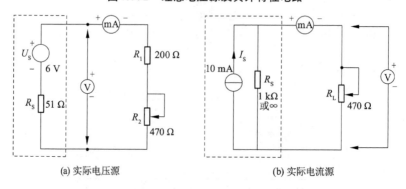

(a) 实际电压源　　　　　　　　　　(b) 实际电流源

图 7.9.2　实际电压源、电流源及其外特性电路

7.9.3.3　实际电源

一个实际电源,就其外部特性而言,既可以看成是一个电压源,又可以看成是一个电流源。若视为电压源,则可用一个理想的电压源 U_S 与一个电阻 R_S 串联的组合表示;若视为电流源,则可用一个理想电流源 I_S 与一电导 g_S 并联的组合表示。如果这两种电源能向同样大小的负载供出同样大小的电流和端电压,则称这两个电源是等效的,即具有相同的外特性。

一个电压源与一个电流源等效变换的条件为 $I_S = U_S/R_S$, $g_S = 1/R_S$ 或 $U_S = I_SR_S$, $R_S = 1/g_S$,如图 7.9.3 所示。电源等效变换条件的测量电路如图 7.9.4 所示。

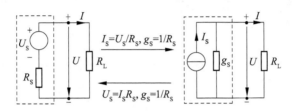

图 7.9.3　一个电压源与一个电流源等效变换

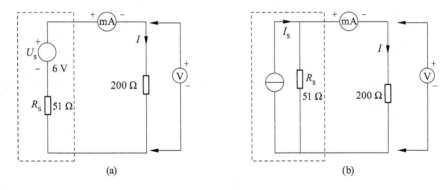

图 7.9.4　电源等效变换条件的测量电路

7.9.4　电源等效变换的 Multisim14 仿真实验

7.9.4.1　电压源外特性

(1) 搭建仿真测量电路

在 Multisim14 仿真平台上调取直流电源、开关、电阻和电位器,按图 7.9.1 搭建如图 7.9.5 所示的仿真测量电路。

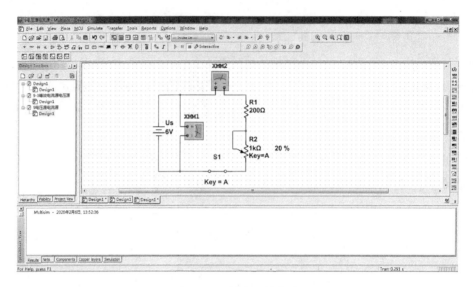

图 7.9.5　仿真测量电路

（2）仿真测量

① 单击"仿真"按钮 ▶ ⏸ ⏹ ，闭合开关 S_1，将电位器调至 35% 处，即阻值为 350 Ω 处，读取此时万用表电压与电流数据，如图 7.9.6 所示。

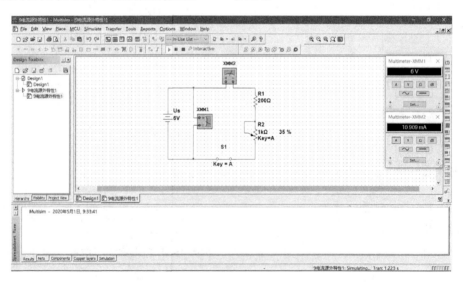

图 7.9.6　$R_2 = 350$ Ω 时的仿真测量数据

② 将 R_2 调节至 31%，即 $R_2 = 310$ Ω 时，仿真测得的数据如图 7.9.7 和表 7.9.2 所示。

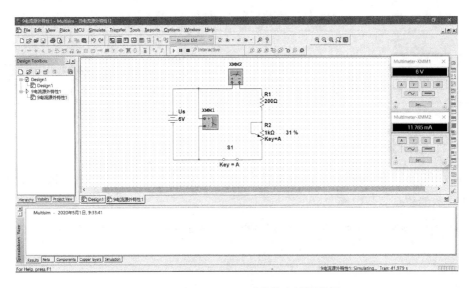

图 7.9.7　$R_2 = 310\ \Omega$ 时的仿真测量数据

改变 R_2 的阻值,测量相应的数据,如表 7.9.2 所示。

表 7.9.2　电压源外特性仿真实验测得的数据

R_2/Ω	470	430	390	350	310	250	200
U/V	6	6	6	6	6	6	6
I/mA	8.955	9.524	10.169	10.909	11.765	13.333	15

(3) 实际电压源仿真测量电路如图 7.9.8 所示。加入一个 51 Ω 的电阻,调节 R_2,令其阻值由大至小变化(从 ∞ 至 200 Ω),仿真测量相应的数据如表 7.9.3 所示。

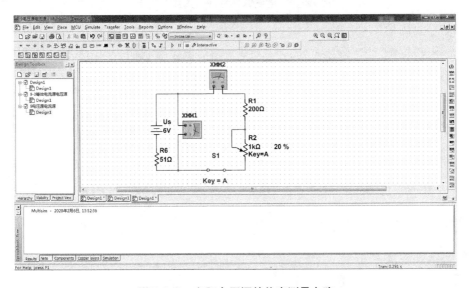

图 7.9.8　实际电压源的仿真测量电路

表 7.9.3　实际电压源外特性仿真测得的数据

R_2/Ω	470	430	390	350	310	250	200
U/V	5.576	5.551	5.523	5.491	5.455	5.389	5.322
I/mA	8.322	8.811	9.36	9.983	10.695	11.976	13.304

7.9.4.2　电流源外特性

（1）搭建仿真测量电路

在 Multisim14 仿真平台上调取电流源、开关、电阻和电位器,按图 7.9.2 搭建如图 7.9.9 所示的仿真测量电路。

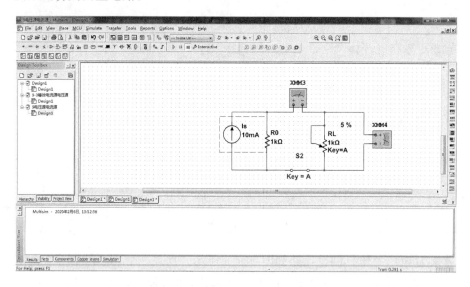

图 7.9.9　电流源外特性仿真测量电路

（2）仿真测量

① 单击"仿真"按钮 ，闭合开关 S$_2$,调节电位器阻值为 50 Ω,仿真测得的数据如图 7.9.10 和表 7.9.4 所示。

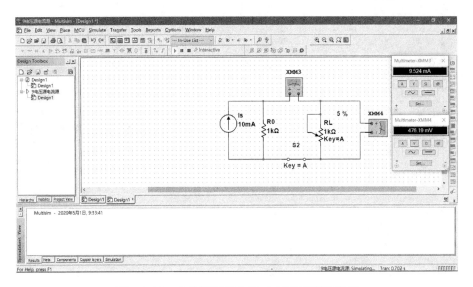

图 7.9.10　电位器阻值为 50 Ω 时仿真测量数据

② 电位器阻值为 100 Ω 时,仿真测得的数据如图 7.9.11 和表 7.9.4 所示。

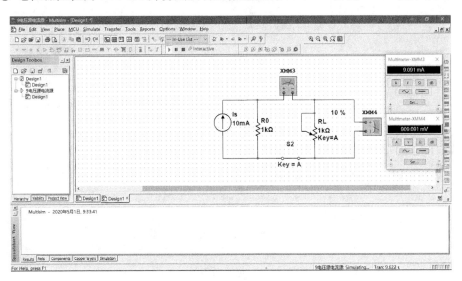

图 7.9.11　电位器阻值为 100 Ω 时仿真测量数据

改变电位器阻值,仿真测得的相应数据,如表 7.9.4 所示。

表 7.9.4　实际电压源外特性仿真测得的数据

R_L/Ω	50	100	150	200	250	300	470
U/V	0.476	0.909	1.304	1.667	2	2.308	3.197
I/mA	9.524	9.091	8.696	8.333	8	7.692	6.803

7.9.4.3　电源等效变换条件

同理可得图 7.9.12 与图 7.9.13 所示的仿真等效电路图及其数据,表格自拟。

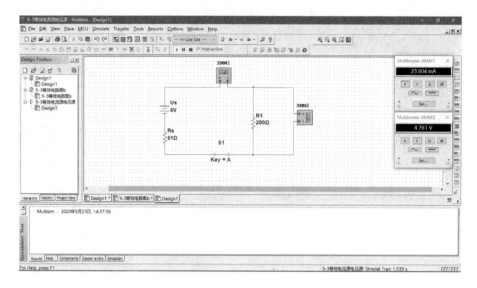

图 7.9.12 电压源等效电路图

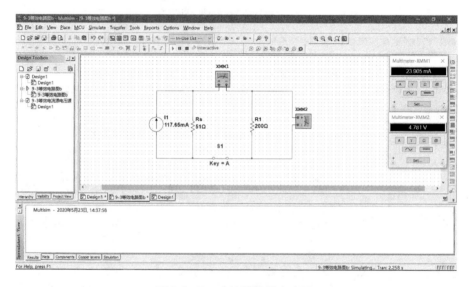

图 7.9.13 电流源等效电路图

7.9.5 电源等效变换的仪器实验

7.9.5.1 电压源外特性

① 按图 7.9.1 接线。U_S 用恒压源 0～30 V 来调节输出端电压,并将输出电压调到 +6 V,视为理想电压源。R_1 取 200 Ω 的固定电阻,R_2 取 470 Ω 的电位器。调节 R_2,令其阻值由大至小变化(从 ∞ 至 200 Ω),将测量数据记录于表 7.9.5 中。

表 7.9.5　电压源外特性实验测量数据

R_2/Ω						
U/V						
I/mA						

② 按图 7.9.1 接线,虚线框可模拟一个实际的电压源。调节 R_2,令其阻值由大到小变化(从 ∞ 至 200 Ω),将测量数据记录于表 7.9.6 中。

表 7.9.6　实际电压源外特性实验测量数据

R_2/Ω						
U/V						
I/mA						

7.9.5.2　电流源外特性

按图 7.9.2 接线,I_S 为直流恒流源,视为理想电流源。调节其输出为 10 mA,令 R_0 分别为 1 kΩ 和 ∞(即接入和断开),调节电位器 R_L(从 0 至 470 Ω),在这两种情况下,记录万用表电压和电流的读数,自拟数据表格。

7.9.5.3　电源等效变换条件

先按图 7.9.4 a 线路接线,记录电路中电流表和电压表的读数,然后按图 7.9.4 b 接线。调节电路中恒流源的输出电流 I_S,使两表的读数与图 7.9.4 a 的数值相等,记录 I_S 之值,验证等效变换条件的正确性。

7.9.5.4　注意事项

① 在测量电压源外特性时,不要忘记测量空载时的电压值;测量电流源外特性时,不要忘记测量短路时的电流值。注意恒流源负载电压不要超过 20 V,负载不要开路。

② 换接线路时,必须关闭电源开关。

③ 直流仪表的接入应注意极性与量程。

7.9.6　实验报告要求

① 写明实验目的。

② 写明实验仪器名称和型号。

③ 写明实验内容和步骤。

④ 根据实验数据绘出电源的 4 条外特性曲线,并总结、归纳各类电源的特性。

⑤ 根据实验结果,验证电源等效变换的条件。

7.10　受控源

 预习内容

（1）受控源和独立源相比有何异同点？四种受控源的代号（VCVS、VCCS、CCVS、CCCS）、电路模型、控制量与被控量有什么关系？

（2）四种受控源中的 r、g、β 和 μ 的意义是什么？它们如何测量得到？

（3）若受控源控制量的极性反向，试问其输出极性是否发生变化？

（4）受控源的控制特性是否适合于交流信号？

（5）如何由 CCVS 和 VCCS 获得 CCCS 和 VCVS，它们的输入端、输出端如何连接？

（6）利用 Multisim14 软件进行受控源仿真。

7.10.1　实验目的

（1）通过测试受控源的外特性及其转移参数，进一步理解受控源的物理概念，加深对受控源的认识和理解。

（2）进一步熟悉用 Multisim14 软件进行受控源仿真的方法。

7.10.2　实验器材

受控源仿真实验器材如表 7.10.1 所示。

表 7.10.1　受控源仿真实验器材

序号	器材名称	型号与规格	数量	备注
1	计算机与 Multisim14 软件		1	
2	多功能电子技术实验平台		1	
3	可调直流稳压电源	$0 \sim 10$ V	1	
4	可调直流恒流源	$0 \sim 200$ mA	1	
5	直流数字电压表		1	
6	直流数字毫安表		1	

7.10.3　实验原理

7.10.3.1　电源分类

电源可分为独立电源（如电池、发电机等）和非独立电源（或称为受控源）。

受控源与独立源的不同点：独立源向外电路提供的电压或电流是某一固定的数值或是时间的函数，它不随电路其余部分的状态而变；受控源向外电路提供的电压或电流则是受电路中另一支路的电压或电流控制的。

受控源与无源元件也不同，无源元件两端的电压和它自身的电流有一定的函数关系；受控源的输出电压或电流则与另一支路（或元件）的电流或电压有某种函数关系。

7.10.3.2　双口元件

独立源与无源元件是二端器件，受控源则是四端器件，或称为双口元件，它有一对输入端（U_1、I_1）和一对输出端（U_2、I_2）。输入端可以控制输出端电压或电流的大小。施加于输入端的控制量可以是电压或电流，因而有两种受控电压源（即电压控制电压源 VCVS 和电流控制电压源 CCVS）和两种受控电流源（即电压控制电流源 VCCS 和电流控制电流源 CCCS）。四种受控源的示意如图 7.10.1 所示。

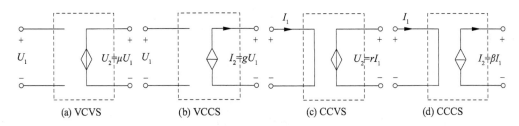

(a) VCVS　　　　(b) VCCS　　　　(c) CCVS　　　　(d) CCCS

图 7.10.1　四种受控源

7.10.3.3　线性受控源

当受控源的输出电压（或电流）与控制支路的电压（或电流）成正比变化时，则称该受控源是线性的。

理想受控源的控制支路中只有一个独立变量（电压或电流），另一个独立变量等于零，即从输入口看，理想受控源或者短路（即输入电阻 $R_1 = 0$，因而 $U_1 = 0$）或者开路（即输入电导 $g_1 = 0$，因而输入电流 $I_1 = 0$）；从输出口看，理想受控源或是一个理想电压源或者是一个理想电流源。

7.10.3.4　转移函数

受控源的控制端与受控端的关系式称为转移函数。四种受控源的转移函数参量的定义如下：

① 压控电压源（VCVS）：$U_2 = f(U_1)$，$\mu = U_2/U_1$，称为转移电压比（或电压增益）。

② 压控电流源（VCCS）：$I_2 = f(U_1)$，$g = I_2/U_1$，称为转移电导。

③ 流控电压源（CCVS）：$U_2 = f(I_1)$，$r = U_2/I_1$，称为转移电阻。

④ 流控电流源（CCCS）：$I_2 = f(I_1)$，$\beta = I_2/I_1$，称为转移电流比（或电流增益）。

7.10.3.5　四种类型基本受控源电路

① 压控电压源（VCVS）的工作原理和测量电路如图 7.10.2 所示。

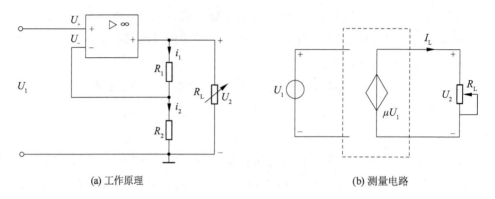

(a) 工作原理   (b) 测量电路

图 7. 10. 2　压控电压源(VCVS)的工作原理和测量电路

根据运放的虚短路特性,有

$$u_+ = u_- = u_1 , i_2 = \frac{u_-}{R_2} = \frac{u_1}{R_2}$$

又因运放的输入电阻为∞,故

$$i_1 = i_2$$

因此

$$u_2 = i_1 R_1 + i_2 R_2 = i_2 (R_1 + R_2) = \frac{u_1}{R_2}(R_1 + R_2) = \left(1 + \frac{R_1}{R_2}\right)u_1$$

即运放的输出电压 u_2 只受输入电压 u_1 的控制,与负载 R_L 的大小无关。

转移电压比为

$$\mu = \frac{u_2}{u_1} = 1 + \frac{R_1}{R_2}$$

式中, μ 无量纲,又称电压放大系数。这里的输入、输出有公共接地点,这种连接方式称为共地连接。

②　压控电流源(VCCS)。将图 7. 10. 2 中 R_1 视为一个负载电阻 R_L,如图 7. 10. 3 所示,即成为压控电流源。

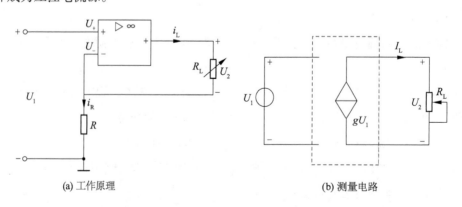

(a) 工作原理   (b) 测量电路

图 7. 10. 3　压控电流源(VCCS)的工作原理和测量电路

此时,运放的输出电流为

$$i_L = i_R = \frac{u_-}{R} = \frac{u_1}{R}$$

即运放的输出电流 i_L 只受输入电压 u_1 的控制,与负载 R_L 大小无关。

转移电导为

$$g = \frac{i_L}{u_1} = \frac{1}{R}$$

这里的输入、输出无公共接地点,这种连接方式称为浮地连接。

③ 流控电压源(CCVS)的工作原理和测量电路如图 7.10.4 所示。

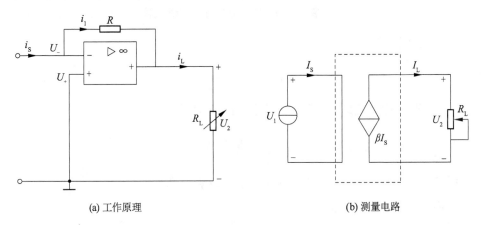

(a) 工作原理   (b) 测量电路

图 7.10.4　流控电压源(CCVS)

由于运放的"+"端接地,因而 $u_+ = 0$,"−"端电压 u_- 也为零,此时运放的"−"端称为虚地点。显然,流过电阻 R 的电流 i_1 就等于网络的输入电流 i_S。

此时,运放的输出电压 $u_2 = -i_1 R = -i_S R$,即输出电压 u_2 只受输入电流 i_S 的控制,与负载 R_L 大小无关。电路模型如图 7.10.1 c 所示。

转移电阻为

$$r = \frac{u_2}{i_S} = R$$

此电路为共地连接。

④ 流控电流源(CCCS)的工作原理和测量电路如图 7.10.5 所示。图中

$$u_a = -i_2 R_2 = -i_1 R_1$$

$$i_L = i_1 + i_2 = i_1 + \frac{R_1}{R_2} i_1 = \left(1 + \frac{R_1}{R_2}\right) i_1 = \left(1 + \frac{R_1}{R_2}\right) i_S$$

即输出电流 i_L 只受输入电流 i_S 的控制,与负载 R_L 大小无关。电路模型如图 7.10.1d 所示。

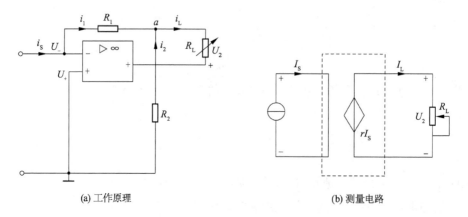

(a) 工作原理　　　　　　　　　　(b) 测量电路

图 **7.10.5**　流控电压源(CCCS)

转移电流比为

$$\beta = \frac{i_L}{i_S} = 1 + \frac{R_1}{R_2}$$

式中, β 无量纲, 又称电流放大系数。此电路为浮地连接。

7.10.4　受控源的 Multisim14 仿真实验

7.10.4.1　受控源 VCVS 的转移特性 $U_2 = f(U_1)$ 及负载特性 $U_2 = f(I_L)$

(1) 搭建 VCVS 仿真电路

在 Multisim14 仿真平台上调取直流电源、开关、电阻、可变电阻器和运算放大器, 按图 7.10.2 a 搭建如图 7.10.6 所示的仿真电路。

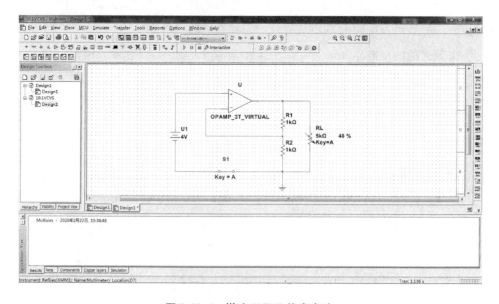

图 **7.10.6**　搭建 VCVS 仿真电路

（2）VCVS 仿真测量

① 加入万用表后,仿真测试电路如图 7.10.7 所示。

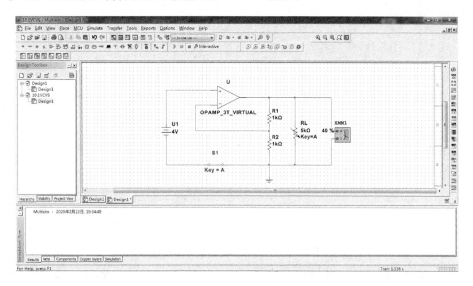

图 7.10.7　VCVS 仿真测试电路

② 单击"仿真"按钮 $\boxed{\triangleright}$ $\boxed{\text{II}}$ $\boxed{\blacksquare}$,闭合开关 S_1,固定 $R_L = 2 \text{ k}\Omega$,测量当 $U_1 = 4 \text{ V}$ 时电压表的读数,如图 7.10.8 和表 7.10.2 所示。

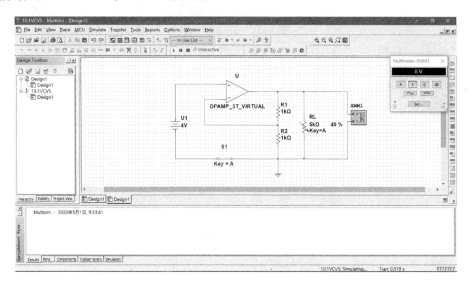

图 7.10.8　当 $U_1 = 4 \text{ V}$ 时读数

③ 当 $U_1 = 4.5 \text{ V}$ 时,万用表电压读数如图 7.10.9 和表 7.10.2 所示。

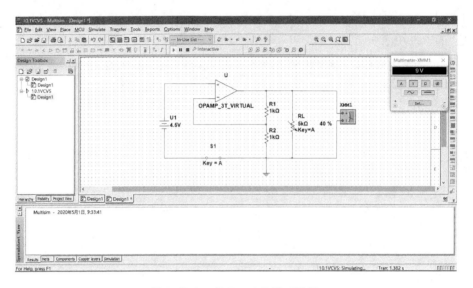

图 7.10.9　当 $U_1 = 4.5$ V 时读数

调节电源 U_1 值,仿真测量相应的电压,如表 7.10.2 所示,VCVS 转移持续曲线如图 7.10.10 所示。

表 7.10.2　VCVS 转移特性仿真测得的数据

U_1/V	0	1	2	3	4	4.5	5	5.5	6	7
U_2/V	0	2	4	6	8	9	10	11	11.95	11.96

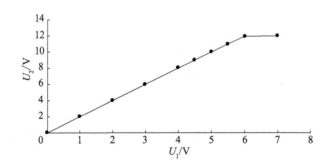

图 7.10.10　VCVS 转移特性曲线 $U_2 = f(U_1)$

由图可得,转移电压比 $\mu = 2$。

（3）VCVS 负载特性仿真测量

① 仿真测试电路如图 7.10.11 所示。保持 $U_1 = 4$ V,$R_L = 2\,000$ kΩ。

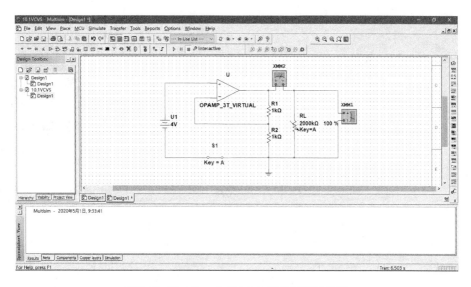

图 7.10.11　$R_L = 2\,000\ \text{k}\Omega$ 时仿真测量电路

② 单击"仿真"按钮 ▷ ▯ ▮，闭合开关 S_1，固定 $R_L = 2\,000\ \text{k}\Omega$，此时万用表电压与电流的读数如图 7.10.12 和表 7.10.3 所示。

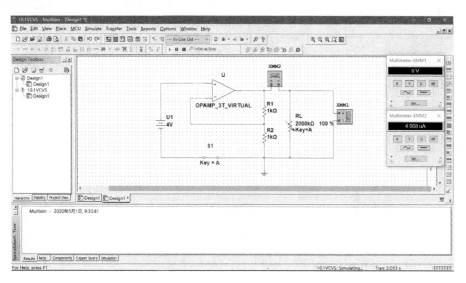

图 7.10.12　$R_L = 2\,000\ \text{k}\Omega$ 时万用表读数

③ $R_L = 1\,000\ \text{k}\Omega$ 时，万用表电压与电流的读数如图 7.10.13 和表 7.10.3 所示。

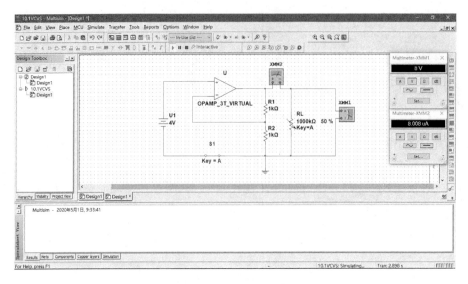

图 7.10.13 $R_L = 1\,000$ kΩ 时万用表读数

调节电位器阻值,将对应的仿真实验数据记录于表 7.10.3 中,VCVS 负载特性曲线如图 7.10.14 所示。

表 7.10.3 VCVS 负载特性仿真实验数据

$R_L/\text{k}\Omega$	5	70	100	200	300	400	500	1000	2000
U_2/V	8	8	8	8	8	8	8	8	8
$I_L/\mu\text{A}$	1.6 mA	114.293	80.007	40.007	26.674	20.008	16.008	8.008	4.008

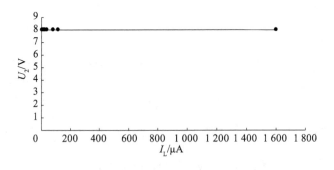

图 7.10.14 负载特性曲线 $U_2 = f(I_L)$

7.10.4.2 受控源 VCCS 的转移特性 $I_L = f(U_1)$ 及负载特性 $I_L = f(U_2)$

VCCS 仿真测量电路图 7.10.15 的搭建过程与" 7.10.4.1 受控源 VCVS 的转移特性 $U_2 = f(U_1)$ 及负载特性 $U_2 = f(I_L)$ "相同。

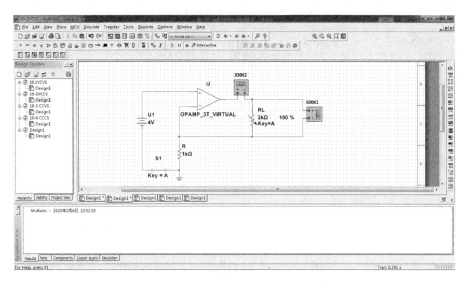

图 7.10.15　搭建 VCCS 仿真测量电路

① 固定 $R_L = 2\ \text{k}\Omega$，调节稳压电源的输出电压 U_1，使其在 0~10 V 范围内取值。测量相应的 I_L 值，绘制 $I_L = f(U_1)$ 曲线，并由其线性部分求出转移电导 g。仿真测得的数据如表 7.10.4 所示，VCCS 转移特性曲线如图 7.10.16 所示。

表 7.10.4　VCCS 转移特性仿真测得的数据

U_1/V	0	0.5	1	1.5	2	2.5	3	3.5	4	4.5
I_L/mA	0	0.5	1	1.5	2	2.5	3	3.5	4	4.012

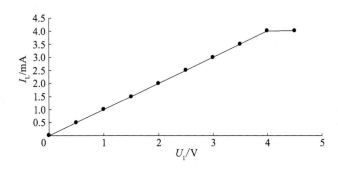

图 7.10.16　VCCS 转移持性曲线 $I_L = f(U_1)$

由图可得，转移电导 $g = 0.001$。

② 保持 $U_1 = 4$ V，令 R_L 从 0 增至 10 $\text{k}\Omega$，测量相应的 I_L 及 U_2，绘制 $I_L = f(U_2)$ 曲线。仿真测试数据记录于表 7.10.5 中，VCCS 负载特性曲线如图 7.10.17 所示。

表 7.10.5　VCCS 负载特性仿真测得的数据

R_L/Ω	5	500	1 000	4 000	6 000	7 000	8 000	9 000	10 000
I_L/mA	4	4	4	2.411	1.723	1.508	1.341	1.207	1.097
U_2/V	0.2	2	4	9.645	10.34	10.558	10.727	10.863	10.973

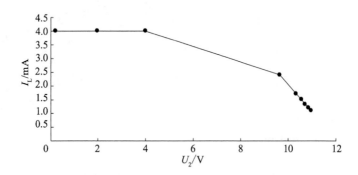

图 7.10.17　VCCS 负载特性曲线 $I_L = f(U_2)$

7.10.4.3　受控源 CCVS 的转移特性 $U_2 = f(I_1)$ 与负载特性 $U_2 = f(I_L)$

CCVS 仿真测量电路图 7.10.18 的搭建过程与"7.10.4.1 受控源 VCVS 的转移特性 $U_2 = f(U_1)$ 及负载特性 $U_2 = f(I_L)$"相同。

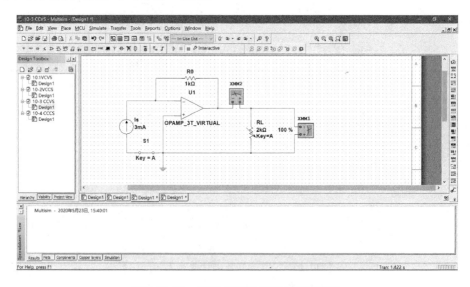

图 7.10.18　搭建 CCVS 的仿真测量电路

① 固定 $R_L = 2\ \text{k}\Omega$，调节恒流源的输出电流 I_S，使其在 0～8 mA 范围内取值。测量 U_2，绘制 $U_2 = f(I_1)$ 曲线，并由其线性部分求出转移电阻 r。仿真测试数据记录于表 7.10.6 中，CCVS 负载特性曲线如图 7.10.19 所示。

表 7.10.6　CCVS 转移特性仿真测试数据

I_1/mA	1	2	3	4	5	6	7	8
U_2/V	1	2	3	4	5	6	7	8

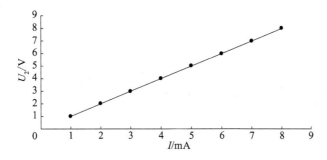

图 7.10.19　CCVS 转移特性曲线 $U_2 = f(I_1)$

由图可得,$r = 1\ 000\ \Omega$。

② 保持 $I_S = 3$ mA,令 R_L 从 1 kΩ 增至 ∞,测量 U_2 及 I_L,绘制负载特性曲线 $U_2 = f(I_L)$。仿真测试数据记录于表 7.10.7 中,CCVS 负载特性曲线如图 7.10.20 所示。

表 7.10.7　CCVS 负载特性仿真测试数据

R_L/kΩ	1	5	10	50	100	500	1 000	5 000
I_L/μA	3 000	600	300	60	30	6	3	603
U_2/V	3	3	3	3	3	3	3	3

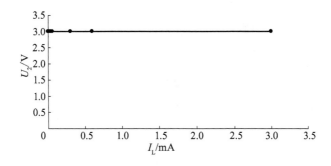

图 7.10.20　CCVS 负载特性曲线 $U_2 = f(I_L)$

7.10.4.4　受控源 CCCS 的转移特性 $I_L = f(I_S)$ 及负载特性 $I_L = f(U_2)$

CCCS 仿真测量电路图 7.10.21 的搭建过程与"7.10.4.1 受控源 VCVS 的转移特性 $U_2 = f(U_1)$ 及负载特性 $U_2 = f(I_L)$"相同。

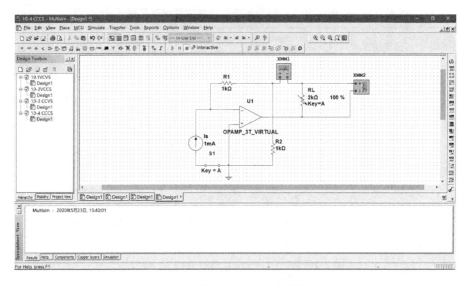

图 7.10.21 搭建 CCCS 仿真测量电路

① 固定 $R_L = 2$ kΩ,调节恒流源的输出电流 I_S,使其在 $0 \sim 8$ mA 范围内取值,测量 I_L 值,绘制 $I_L = f(I_S)$ 曲线,并由其线性部分求出转移电流比 β。仿真测试数据记录于表 7.10.8 中,CCCS 转移特性曲线如图 7.10.22 所示。

表 7.10.8 CCCS 的转移特性仿真测试数据

I_S/mA	1	2	3	4	5	6	7	8
I_L/mA	2	4	5.01	5.343	5.675	6.008	6.34	6.672

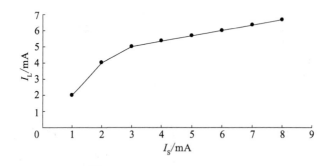

图 7.10.22 CCCS 转移特性曲线 $I_L = f(I_S)$

由图可得,转移电流比 $\beta = 2$。

② 保持 $I_S = 1$ mA,令 R_L 从 0 增至 4 kΩ,测量 I_L 及 U_2 的值,绘制 $I_L = f(U_2)$ 曲线。数据记录于表 7.10.9 中,CCCS 负载特性曲线如图 7.10.23 所示。

表 7.10.9 CCCS 负载特性仿真测试数据

R_L/Ω	0.1	0.5	1	1.5	2	2.5	3	3.5	4
I_L/mA	2	2	2	2	2	2	2	2	2
U_2/V	0.2	1	2	3	4	5	6	7	8

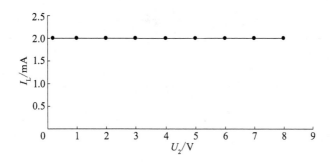

图 7.10.23 CCCS 负载特性曲线 $I_L = f(U_2)$

7.10.5 受控源的仪器实验

本次实验中受控源全部采用直流电源激励,对于交流电源或其它电源激励,实验结果是一样的。

7.10.5.1 受控源 VCVS 的转移特性 $U_2 = f(U_1)$ 及负载特性 $U_2 = f(I_L)$ 的实验测试

按图 7.10.2 组装实验电路。

① 固定 $R_L = 2\ \mathrm{k\Omega}$,调节稳压电源输出电压 U_1,使其在 $0 \sim 8\ \mathrm{V}$ 范围内取值。测量 U_1 及相应的 U_2 值,记录于表 7.10.10 中。

表 7.10.10 VCVS 的转移特性实验测量数据

U_1/V	0	1	2	3	4	4.5	5	5.5	6	7
U_2/V										

绘制电压转移特性曲线 $U_2 = f(U_1)$,并由其线性部分求出转移电压比 μ。

② 保持 $U_1 = 4\ \mathrm{V}$,调节 R_L 阻值从 $5\ \mathrm{k\Omega}$ 增至 $2\ 000\ \mathrm{k\Omega}$,测量 U_2 及 I_L,绘制负载特性曲线 $U_2 = f(I_L)$。实验测量数据记录于表 7.10.11 中。

表 7.10.11 VCVS 负载特性实验测量数据

$R_L/\mathrm{k\Omega}$	5	70	100	200	300	400	500	1 000	2 000
U_2/V									
I_L/mA									

7.10.5.2 受控源 VCCS 转移特性 $I_L = f(U_1)$ 及负载特性 $I_L = f(U_2)$ 的实验测试

按图 7.10.3 所示,组装实验线路。U_1 用可调直流稳压电源。

① 固定 $R_L = 2$ kΩ,调节稳压电源的输出电压 U_1,使其在 0~10 V 范围内取值。测量相应的 I_L 值,绘制 $I_L = f(U_1)$ 曲线,并由其线性部分求出转移电导 g。实验测量数据记录于表 7.10.12 中。

表 7.10.12 VCCS 转移特性实验测量数据

U_1/V	0	0.5	1	1.5	2	2.5	3	3.5	4	4.5
I_L/mA										

② 保持 $U_1 = 4$ V,令 R_L 从 5 Ω 增至 10 kΩ,测量相应的 I_L 及 U_2,绘制 $I_L = f(U_2)$ 曲线。实验测量数据记录于表 7.10.13 中。

表 7.10.13 VCCS 负载特性实验测量数据

R_L/Ω	5	500	1 000	4 000	6 000	7 000	8 000	9 000	10 000
I_L/mA									
U_2/V									

7.10.5.3 受控源 CCVS 的转移特性 $U_2 = f(I_1)$ 与负载特性 $U_2 = f(I_L)$ 的实验测试

按图 7.10.4 所示,组装实验线路,I_S 用可调直流恒流源。

① 固定 $R_L = 2$ kΩ,调节恒流源的输出电流 I_S,使其在 0~8 mA 范围内取值。测量 U_2,绘制 $U_2 = f(I_1)$ 曲线,并由其线性部分求出转移电阻 r。实验测量数据记录于表 7.10.14 中。

表 7.10.14 CCVS 转移特性实验测量数据

I_1/mA	1	2	3	4	5	6	7	8
U_2/V								

② 保持 $I_S = 3$ mA,令 R_L 从 1 kΩ 增至 500 kΩ,测量 U_2 和 I_L,绘制负载特性曲线 $U_2 = f(I_L)$。实验测量数据记录于表 7.10.15 中。

表 7.10.15 CCVS 负载特性实验测量数据

R_L/Ω	1 000	5 000	10 000	50 000	100 000	500 000	100 000	500 000
I_L/mA								
U_2								

7.10.5.4 受控源 CCCS 的转移特性 $I_L = f(I_S)$ 及负载特性 $I_L = f(U_2)$ 的实验测试

按图 7.10.5 所示,组装实验线路。

① 固定 $R_L = 2\ k\Omega$,调节恒流源的输出电流 I_S,使其在 $0 \sim 8\ mA$ 范围内取值,测量 I_L 值,绘制 $I_L = f(I_S)$ 曲线,并由其线性部分求出转移电流比 β。实验测量数据记录于表 7. 10. 16 中。

表 7. 10. 16　CCCS 转移特性实验测量数据

I_S/mA	1	2	3	4	5	6	7	8
I_L/mA								

② 保持 $I_S = 1\ mA$,令 R_L 从 $100\ \Omega$ 增至 $4\ k\Omega$,测量 I_L 和 U_2 值,绘制 $I_L = f(U_2)$ 曲线。实验测量数据记录于表 7. 10. 17 中。

表 7. 10. 17　CCVS 负载特性实验测量数据

R_L/Ω	100	500	1 000	1 500	2 000	2 500	3 000	3 500	4 000
I_L/mA									
U_2/V									

7. 10. 5. 5　注意事项

① 每次组装线路,必须事先断开供电电源,但不必关闭电源总开关。

② 在用恒流源供电的实验中,不要使恒流源的负载开路。

7. 10. 6　实验报告要求

① 写明实验目的。

② 写明实验仪器的名称和型号。

③ 写明实验内容和步骤。

④ 根据实验数据,分别绘出四种受控源的转移特性和负载特性曲线,并求出相应的转移参量。

⑤ 对预习内容做必要的回答。

⑥ 对实验的结果做出合理的分析和结论,总结对四种受控源的认识和理解。

7. 11　RC 一阶电路响应

 预习内容

（1）什么样的电信号可作为 RC 一阶电路零输入响应、零状态响应和完全响应的激励源?

（2）已知 RC 一阶电路 $R=10\ \text{k}\Omega$，$C=0.1\ \mu\text{F}$，试计算时间常数 τ，并根据 τ 值的物理意义，拟定测量 τ 的方案。

（3）什么是积分电路和微分电路？它们必须具备什么条件？们在方波序列脉冲的激励下，它们的输出信号波形的变化规律如何？这两种电路有何功用？

（4）利用 Multisim14 软件进行 RC 一阶电路响应仿真。

7.11.1 实验目的

（1）测定 RC 一阶电路的零输入响应、零状态响应及完全响应。

（2）学习电路时间常数的测量方法。

（3）掌握有关微分电路和积分电路的概念。

（4）进一步学会用示波器观测波形。

（5）进一步熟悉用 Multisim14 软件进行 RC 一阶电路响应仿真方法。

7.11.2 实验器材

RC 一阶电路响应仿真实验器材如表 7.11.1 所示。

表 7.11.1 RC 一阶电路响应仿真实验器材

序号	器材名称	型号及规格	数量	备注
1	计算机与 Multisim14 软件		1	
2	多功能电子技术实验平台		1	
3	信号发生器		1	
4	数字示波器		1	
5	元件组件		若干	

7.11.3 实验原理

7.11.3.1 动态网络的过渡过程

动态网络的过渡过程是十分短暂的单次变化过程，要用示波器观察过渡过程并测量有关参数，就必须使这种单次变化过程重复出现。为此，利用信号发生器输出的方波来模拟阶跃激励信号，即将方波输出的上升沿作为零状态响应的正阶跃激励信号；将方波的下降沿作为零输入响应的负阶跃激励信号。只要选择方波的重复周期远大于电路的时间常数 τ，那么电路在这样的方波序列脉冲信号的激励下，其响应就和直流电接通与断开的过渡过程基本相同。

7.11.3.2 RC 一阶电路

图 7.11.1 b 为 RC 一阶电路，其零输入响应和零状态响应分别按指数规律衰减和增

长,分别如图 7.11.1 a 和图 7.11.1 c 所示。其变化的快慢取决于电路的时间常数 τ。

7.11.3.3　时间常数 τ 的测定方法

用示波器测量零输入响应的波形,如图 7.11.1 a 所示。

根据一阶微分方程求解得 $u_C(\tau) = U_m e^{-t/RC} = U_m e^{-t/\tau}$。当 $t = \tau$ 时, $u_C(\tau) = 0.368 U_m$,此时所对应的时间就等于 τ,也就是说,零状态响应波形由零增加到 $0.632 U_m$ 所对应的时间,如图 7.11.1 c 所示。

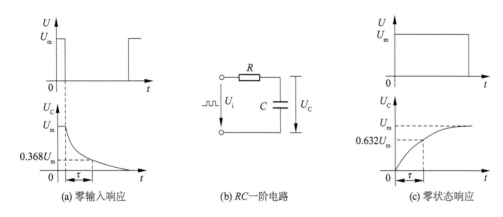

(a) 零输入响应　　　　(b) RC 一阶电路　　　　(c) 零状态响应

图 7.11.1　RC 一阶电路的响应测试电路

7.11.3.4　微分电路和积分电路

微分电路和积分电路是 RC 一阶电路中较典型的电路,它对电路元件参数和输入信号的周期有特定的要求。一个简单的 RC 串联电路,在方波序列脉冲的重复激励下,当满足 $\tau = RC \ll \dfrac{T}{2}$ 时(T 为方波脉冲的重复周期),且由 R 两端的电压作为响应输出,则该电路就是一个微分电路,如图 7.11.2 a 所示,利用微分电路可以将方波转变成尖脉冲。对微分电路,有

$$u_R \approx RC \frac{\mathrm{d}u_i}{\mathrm{d}t}$$

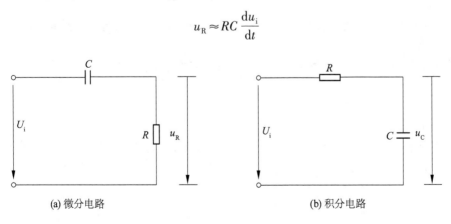

(a) 微分电路　　　　　　　　　　　(b) 积分电路

图 7.11.2　微分电路和积分电路

若将图 7.11.2 a 中的 R 与 C 位置调换一下,如图 7.11.2 b 所示,由 C 两端的电压作

为响应输出,且当电路的参数满足 $\tau = RC \gg \dfrac{T}{2}$,则该 RC 电路称为积分电路。利用积分电路可以将方波转变成三角波。对积分电路,有

$$u_C \approx \frac{1}{RC}\int u_i \, dt$$

微分电路和积分电路的输入、输出关系,如图 7.11.3 所示。

从输入输出波形来看,上述两个电路均起着波形变换的作用,请在实验过程中仔细观察与记录。

动态电路、选频电路组件参考电路,如图 7.11.4 所示。

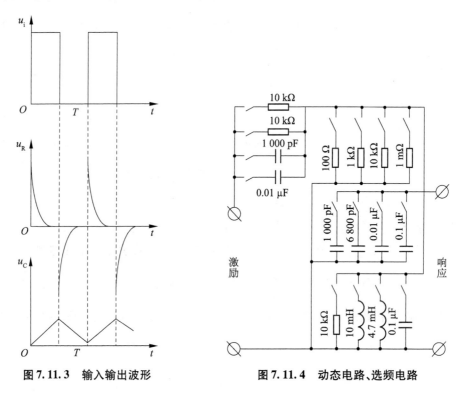

图 7.11.3 输入输出波形   图 7.11.4 动态电路、选频电路

7.11.4 RC 一阶电路响应的 Multisim14 仿真实验

7.11.4.1 RC 积分电路

(1) 搭建仿真测量电路

在 Multisim14 仿真平台上调取信号发生器、地线、电阻、电容和双踪示波器,按图 7.11.1 b 搭建如图 7.11.5 所示的仿真测量电路。

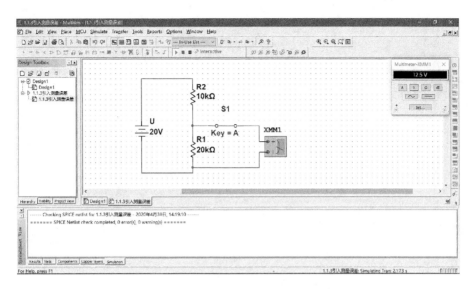

图 7.11.5　搭建积分电路的仿真测量电路

（2）仿真测量

单击"仿真"按钮 ▷Ⅱ◼ 进行仿真测试,选好合适的波形进行观察,示波器波形如图 7.11.6 所示。

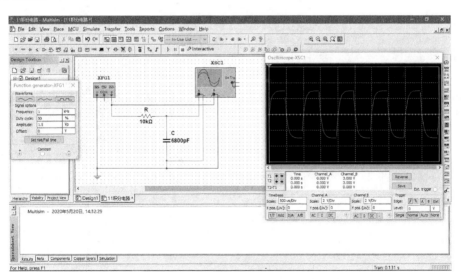

图 7.11.6　示波器波形显示

7.11.4.2　*RC* 微分电路

（1）搭建仿真测量电路

在 Multisim14 仿真平台上,调取信号发生器、地线、电阻、电容和双踪示波器,按图 7.11.2 a 搭建如图 7.11.7 所示的仿真测量电路。

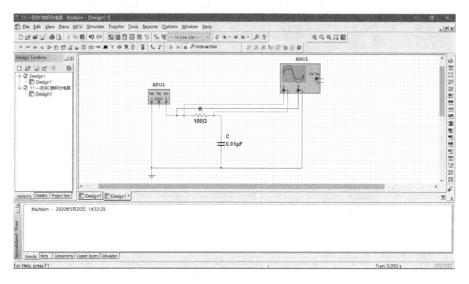

图 7.11.7 搭建微分电路的仿真测量电路

（2）仿真测量

单击"仿真"按钮 ▶ ❚❚ ■ 进行仿真测试，选好合适的波形进行观察，示波器波形如图
7.11.8 所示。

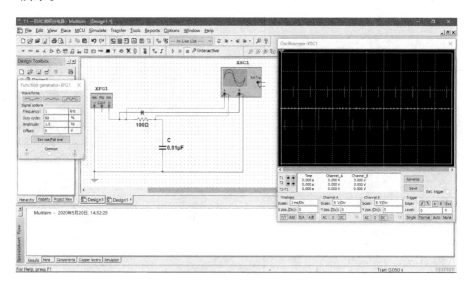

图 7.11.8 示波器波形显示

RC 电路中，时间常数 $\tau = RC$。

7.11.5 RC 一阶电路响应的仪器实验

动态电路、选频电路组件如图 7.11.4 所示。

7.11.5.1 RC 积分电路

图 7.11.4 中，选 $R = 10\ \text{k}\Omega$，$C = 6\ 800\ \text{pF}$，组成如图 7.11.1 b 所示的 RC 充放电电路。

U_i 为函数信号发生器输出电压幅值 $U_m = 3$ V, $f = 1$ kHz 的方波电压信号,并通过两根同轴电缆线,将激励源 u_i 和响应 u_C 的信号分别连至示波器的两个输入口 Y_A 和 Y_B。这时可在示波器的屏幕上观察到激励与响应的变化规律,测算时间常数 τ,并用方格纸按 $1:1$ 的比例描绘波形。

少量地改变电容值或电阻值,定性地观察其对响应的影响,记录观察到的现象。

令 $R = 10$ kΩ, $C = 0.1$ μF,观察并描绘响应的波形,继续增大 C,定性地观察其对响应的影响。

7.11.5.2　RC 微分电路

图 7.11.4 中,选 $C = 0.01$ μF, $R = 100$ Ω,组成如图 7.11.2 a 所示的微分电路。在同样的方波激励信号 ($U_m = 3U_{P-P}$, $f = 1$ kHz) 作用下,观测并描绘激励与响应的波形。增减 R,定性地观察其对响应的影响,并做记录。当 R 增大至 1 MΩ 时,观察输入输出波形有何本质上的区别。

7.11.5.3　注意事项

① 调节电子仪器各旋钮时,动作不要过快、过猛。实验前,需熟读双踪示波器的使用说明书。观察双踪时,要特别注意相应开关、旋钮的操作与调节。

② 信号源的接地端与示波器的接地端要连在一起(称共地),以防外界干扰而影响测量的准确性。

③ 示波器的辉度不应过亮,尤其是光点长期停留在荧光屏上不动时,应将辉度调暗,以延长示波管的使用寿命。

7.11.6　实验报告要求

① 写明实验的目的。

② 写明实验仪器的名称和型号。

③ 写明实验内容和步骤。

④ 根据实验观测结果,在方格纸上绘出 RC 一阶电路充放电时 u_C 的变化曲线,由曲线测得 τ 值,并与参数值的计算结果做比较,分析误差原因。

⑤ 根据实验观测结果,归纳、总结积分电路和微分电路的形成条件,阐明波形变换的特征。

7.12 二阶动态电路响应

 预习内容

（1）根据二阶电路元件的参数，计算处于临界阻尼状态的 R_2 值。

（2）在示波器上，如何测得二阶电路零输入响应欠阻尼状态的衰减常数 α 和振荡频率 ω_d？

（3）利用 Multisim14 软件进行二阶动态电路响应仿真实验。

7.12.1 实验目的

（1）测试二阶动态电路的零状态响应和零输入响应，了解电路元件参数对响应的影响。

（2）观察、分析二阶电路响应的三种状态轨迹及其特点，以加深对二阶电路响应的认识与理解。

（3）进一步熟悉利用 Multisim14 软件进行二阶动态电路响应仿真的方法。

7.12.2 实验器材

二阶动态电路响应仿真实验器材如表 7.12.1 所示。

表 7.12.1 二阶动态电路响应仿真实验器材

序号	名称	型号与规格	数量	备注
1	计算机与 Multisim14 软件		1	
2	多功能电子技术实验平台		1	
3	信号发生器		1	
4	数字示波器		1	
5	元件组件		若干	

7.12.3 实验原理

7.12.3.1 零状态响应

在图 7.12.1 所示 *RLC* 串联电路中，$u_C(0)=0$，在 $t=0$ s 时开关 S 闭合，电压方程为

$$LC\frac{\mathrm{d}^2 u_C}{\mathrm{d}t^2} + RC\frac{\mathrm{d}u_C}{\mathrm{d}t} + u_C = U$$

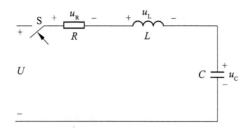

图 7.12.1 *RLC* 串联电路

这是一个二阶常系数非齐次微分方程,该电路称为二阶电路,电源电压 U 为激励信号,电容两端电压 u_C 为响应信号。根据微分方程理论,u_C 包含两个分量:暂态分量 u_C'' 和稳态分量 u_C',即 $u_C = u_C'' + u_C'$,具体解与电路参数 R、L、C 有关。

当满足 $R < 2\sqrt{\dfrac{L}{C}}$ 时,有

$$u_C(t) = u_C'' + u_C' = Ae^{-\delta t}\sin(\omega t + \varphi) + U$$

式中,衰减系数 $\delta = \dfrac{R}{2L}$ $\left(\text{衰减时间常数 } \tau = \dfrac{1}{\delta} = \dfrac{2L}{R}\right)$;振荡频率 $\omega = \sqrt{\dfrac{1}{LC} - \left(\dfrac{R}{2L}\right)^2}$ $\left(\text{振荡周期 } T = \dfrac{1}{f} = \dfrac{2\pi}{\omega}\right)$。

$u_C(t)$ 的变化曲线如图 7.12.2 a 所示,在衰减振荡状态,因电阻 R 较小,故称为欠阻尼状态。

当满足 $R > 2\sqrt{\dfrac{L}{C}}$ 时,$u_C(t)$ 的变化处在过阻尼状态,由于电阻 R 较大,电路中的能量很快被电阻消耗掉,$u_C(t)$ 无法振荡,变化曲线如图 7.12.2 b 所示。

当满足 $R = 2\sqrt{\dfrac{L}{C}}$ 时,$u_C(t)$ 的变化处在临界阻尼状态,变化曲线如图 7.12.2 c 所示。

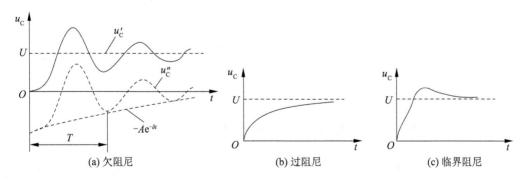

图 7.12.2 零状态响应

7.12.3.2 零输入响应

图 7.12.3 为 *RLC* 串并联电路,开关 S 与"1"端闭合,电路处于稳定状态,$u_C(0) = U$,在 $t = 0$ s 时开关 S 与"2"闭合,输入激励为零,电压方程为

$$LC\frac{\mathrm{d}^2 u_C}{\mathrm{d}t} + RC\frac{\mathrm{d}u_C}{\mathrm{d}t} + u_C = 0$$

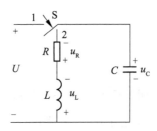

图 7.12.3　零输入响应

这是一个二阶常系数齐次微分方程,根据微分方程理论,u_C 只包含暂态分量 u''_C,稳态分量 u'_C 为零。和零状态响应一样,根据 R 与 $2\sqrt{L/C}$ 的大小关系,u_C 的变化规律分为衰减振荡(欠阻尼)、过阻尼和临界阻尼三种状态,它们的变化曲线与图 7.12.2 中的暂态分量 u''_C 类似,衰减系数、衰减时间常数、振荡频率与零状态响应完全一样。

RLC 串联电路与 RLC 并联电路之间存在着对偶关系。本实验对 RLC 并联电路进行研究,激励采用方波脉冲,二阶电路在方波正、负阶跃信号的激励下,可获得零状态与零输入响应,响应的规律与 RLC 串联电路相同。测量 u_C 衰减振荡的参数,如图 7.12.2 a 所示,用示波器测出振荡周期 T 便可计算出振荡频率 ω,按照衰减轨迹曲线,测量 -0.368 A 对应的时间 τ 便可计算出衰减系数 δ。

动态电路、选频电路组件如图 7.11.4 所示。选 $R_1 = 10$ kΩ,$L = 4.7$ mH,$C = 1\,000$ pF,R_2 为 10 kΩ 可调电阻,可组成如图 7.12.4 所示的 RLC 并联电路。

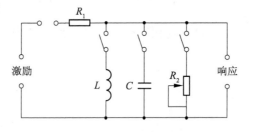

图 7.12.4　RCL 并联电路

7.12.4　二阶动态电路响应的 Multisim14 仿真实验

7.12.4.1　搭建仿真测量电路

在 Multisim14 仿真平台上调取信号发生器、地线、电阻、电容、可变电阻器、开关和双踪示波器,按图 7.12.4 搭建如图 7.12.5 所示的仿真测量电路。

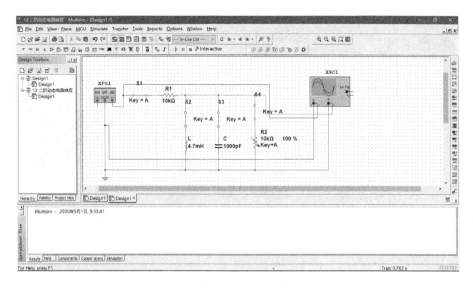

图 7.12.5　搭建二阶动态电路仿真电路

7.12.4.2　仿真测试

（1）二阶电路的阻尼变化过渡过程仿真测量

① 单击"仿真"按钮 ▷Ⅱ▢，闭合全部开关，当 R_2 调节至 200 Ω 时，过阻尼的波形如图 7.12.6 所示。

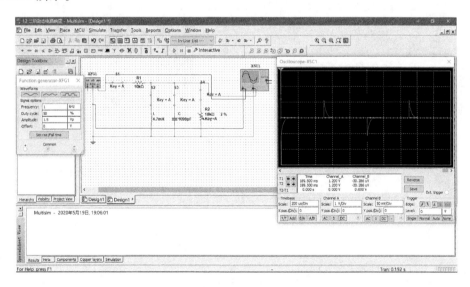

图 7.12.6　过阻尼的波形

② 单击"仿真"按钮 ▷Ⅱ▢，闭合全部开关，当 R_2 调节至 1 kΩ 时，临界阻尼的波形如图 7.12.7 所示。

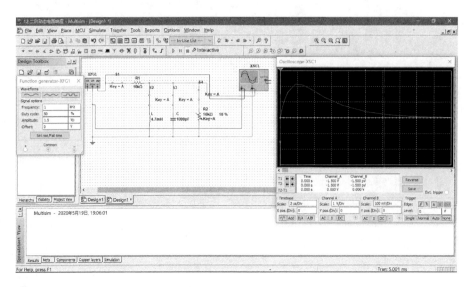

图 7.12.7　临界阻尼的波形

③ 单击"仿真"按钮 ▷ Ⅱ ■，闭合全部开关，当 R_2 调节至 8 kΩ 时，欠阻尼的波形如图 7.12.8 所示。

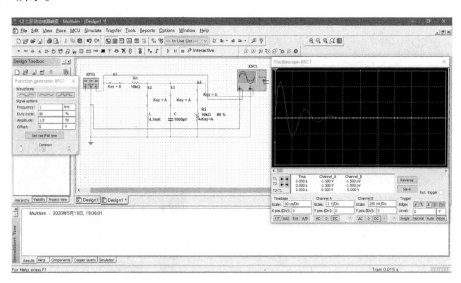

图 7.12.8　欠阻尼的波形

（2）欠阻尼状态下的仿真测量

① 单击"仿真"按钮 ▷ Ⅱ ■，闭合全部开关，当 $R_1 = 10$ kΩ，$L = 4.7$ mH，$C = 1\,000$ pF，$R_2 = 8.5$ kΩ 时，选好合适的波形进行测量，欠阻尼状态示波器波形如图 7.12.9 所示。振荡周期 $T = 200\ \mu s \times 5 = 1$ ms，相邻两个最大值 $U_{1m} = 450$ mV，$U_{2m} = 250$ mV。

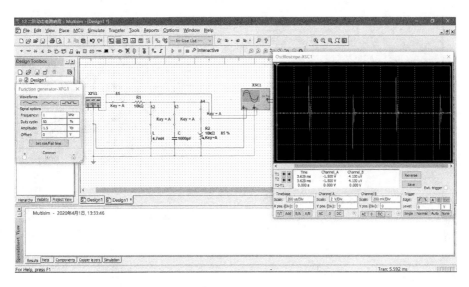

图 7.12.9　$R_2 = 8.5$ kΩ 欠阻尼状态示波器波形

② 单击"仿真"按钮 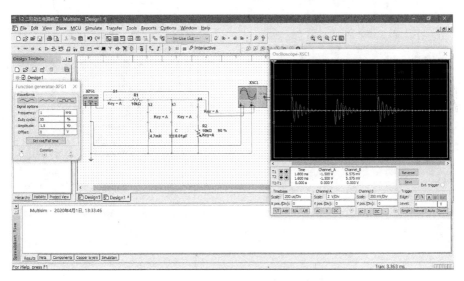，闭合全部开关，当 $R_1 = 10$ kΩ，$L = 4.7$ mH，$C = 0.01$ μF，$R_2 = 9$ kΩ 时，选好合适的波形进行测量，欠阻尼状态示波器波形如图 7.12.10 所示。振荡周期 $T = 200$ μs $\times 5 = 1$ ms，相邻两个最大值 $U_{1m} = 200$ mV，$U_{2m} = 170$ mV。

图 7.12.10　$R_2 = 9$ kΩ 欠阻尼状态示波器波形

③ 单击"仿真"按钮 ，闭合全部开关，当 $R_1 = 30$ kΩ，$L = 4.7$ mH，$C = 0.01$ μF，$R_2 = 9.5$ kΩ 时，选好合适的波形进行测量，欠阻尼状态示波器波形如图 7.12.11 所示。振荡周期 $T = 200$ μs $\times 5 = 1$ ms，相邻两个最大值 $U_{1m} = 60$ mV，$U_{2m} = 50$ mV。

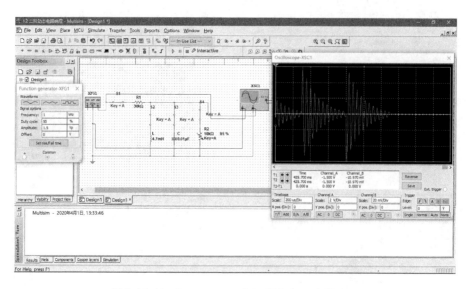

图 7. 12. 11　$R_2 = 9.5$ kΩ 欠阻尼状态示波器波形

④ 单击"仿真"按钮 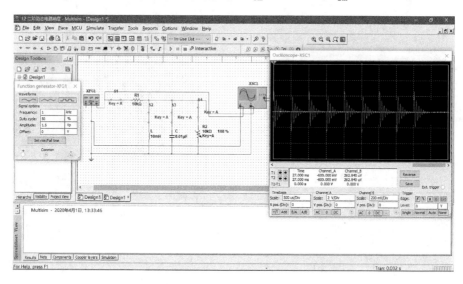，闭合全部开关，当 $R_1 = 10$ kΩ, $L = 10$ mH, $C = 0.01$ μF, $R_2 = 10$ kΩ 时, 选好合适的波形进行测量, 欠阻尼状态示波器波形如图 7. 12. 12 所示。振荡周期 $T = 500$ μs $\times 2 = 1$ ms, 相邻两个最大值 $U_{1m} = 250$ mV, $U_{2m} = 200$ mV。

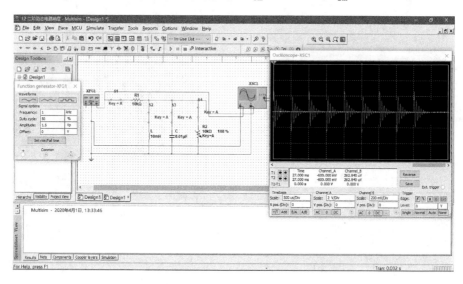

图 7. 12. 12　$R_2 = 10$ kΩ 欠阻尼状态示波器图形

由 $\omega = 2\pi/T$, $\alpha = 1/T \times \ln U_{1m}/U_{2m}$ 可以计算 ω, α, 如表 7. 12. 2 所示。

表 7.12.2　二阶电路暂态过程的仿真结果

实验次数	元件参数				测量值	
	$R_1/\text{k}\Omega$	$R_2/\text{k}\Omega$	L/mH	$C/\mu\text{F}$	α/Hz	$\omega/(\text{rad}\cdot\text{s}^{-1})$
1	10	8.5	4.7	0.001	588	$2\,000\pi$
2	10	9	4.7	0.01	163	$2\,000\pi$
3	30	9.5	4.7	0.01	182	$2\,000\pi$
4	10	10	10	0.01	223	$2\,000\pi$

7.12.5　二阶电路的仪器实验

动态电路、选频电路组件如图 7.11.4 所示。选 $R_1 = 10$ kΩ, $L = 4.7$ mH, $C = 1\,000$ pF, R_2 为 10 kΩ 可调电阻,可组成如图 7.12.1 所示的 RLC 并联电路。令脉冲信号发生器的输出为 $U_m = 1.5$ V, $f = 1$ kHz 的方波脉冲,通过同轴电缆接至图中的激励端,同时用同轴电缆将激励端和响应输出接至双踪示波器的 Y_A 和 Y_B 两个输入口。

(1)观察二阶电路的阻尼变化过渡过程

调节可变电阻器 R_2,观察二阶电路由过阻尼过渡到临界阻尼,最后过渡到欠阻尼的变化过渡过程,分别定性地描绘、记录响应的典型变化波形。

(2)测量欠阻尼状态下衰减常数 α 和振荡频率 ω_d

调节 R_2,使示波器荧光屏上呈现稳定的欠阻尼响应波形,定量测定此时电路的衰减常数 α 和振荡频率 ω_d。

(3)改变一组电路参数,继续观察与测量

改变一组电路参数,如增减 L 或 C 的值,重复步骤(2)的测量,并做记录。随后仔细观察改变电路参数时 ω_d 与 α 的变化趋势,测量数据记录于表 7.12.3 中。

表 7.12.3　二阶电路实验测量数据

实验次数	元件参数				测量值	
	$R_1/\text{k}\Omega$	R_2	L/mH	$C/\mu\text{F}$	α	ω_d
1	10		4.7	0.001		
2	10	调至某一	4.7	0.01		
3	30	欠阻尼状态	4.7	0.01		
4	10		10	0.01		

(4)注意事项

① 调节 R_2 时,要细心、缓慢,临界阻尼要找准。

② 观察双踪时,显示要稳定,若不同步,则可采用外同步法触发(参见示波器说明)。

7.12.6　实验报告要求

① 写明实验目的。

② 写明实验仪器的名称和型号。

③ 写明实验内容和步骤。

④ 根据观测结果,在方格纸上描绘二阶电路过阻尼、临界阻尼和欠祖尼的响应波形,测算欠阻尼振荡曲线上的 α 与 ω_{d}。

⑤ 归纳、总结电路元件参数的改变对响应变化趋势的影响。

7.13　*RLC* 元件阻抗特性

 预习内容

（1）图 7.13.2 中各元件流过的电流如何求得?

（2）怎样用双踪示波器观察 *RL* 串联和 *RC* 串联电路阻抗角的频率特性?

（3）利用 Multisim14 软件进行 *RLC* 元件阻抗特性仿真测量。

7.13.1　实验目的

（1）验证电阻、感抗、容抗与频率的关系,测定 R–f,X_{L}–f 及 X_{C}–f 特性曲线。

（2）加深理解 R、L、C 元件端电压与电流间的相位关系。

（3）进一步熟悉用 Multisim14 软件进行 *RLC* 元件阻抗特性仿真测量的方法。

7.13.2　实验器材

RLC 元件阻抗特性仿真实验器材如表 7.13.1 所示。

表 7.13.1　*RLC* 元件阻抗特性仿真实验器材

序号	器材名称	型号与规格	数量	备注
1	计算机与 Multisim14 软件			
2	多功能电子技术实验平台		1	
3	信号发生器		1	
4	交流毫伏表		1	
5	数字示波器		1	
6	实验线路元件	$R = 1\ \mathrm{k\Omega}, r = 200\ \Omega,$ $C = 1\ \mu\mathrm{F}, L \approx 10\ \mathrm{mH}$	1	

7.13.3　实验原理

7.13.3.1　阻抗频率特性

在正弦交变信号作用下,R、L、C 电路元件在电路中的抗流作用与信号的频率有关,它们的阻抗频率特性 $R-f$,X_L-f,X_C-f 曲线如图 7.13.1 所示。

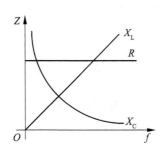

图 7.13.1　阻抗频率特性

7.13.3.2　阻抗频率特性

单一参数 R、L、C 阻抗频率特性的测量电路如图 7.13.2 所示。

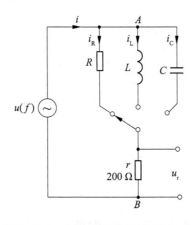

图 7.13.2　阻抗频率特性的测量电路

图中,R、L、C 为被测元件,r 为电流取样电阻。改变信号源频率,测量 R、L、C 元件两端电压 U_R、U_L、U_C,流过被测元件的电流则可由 r 两端电压除以 r 得到。

7.13.3.3　阻抗角频率特性

元件的阻抗角(即相位差 φ)随输入信号的频率变化而变化,将各个不同频率下的相位差画在以频率 f 为横坐标、阻抗角 φ 为纵坐标的坐标纸上,并用光滑的曲线连接这些点,即得阻抗角的频率特性曲线。

用双踪示波器测量阻抗角的方法如图 7.13.3 所示。从荧光屏上数得一个周期占 n 格,相位差占 m 格,则实际的相位差 φ(阻抗角)为

$$\varphi = m \times \frac{360°}{n}$$

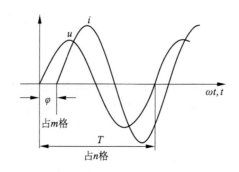

图 7.13.3　测量阻抗角的方法

7.13.4　*RLC* 元件阻抗特性的 Multisim14 仿真实验

7.13.4.1　搭建仿真电路

在 Multisim14 仿真平台上调取信号发生器、地线、电阻、电容、电感和开关,按图 7.13.2 搭建如图 7.13.4 所示的仿真电路。

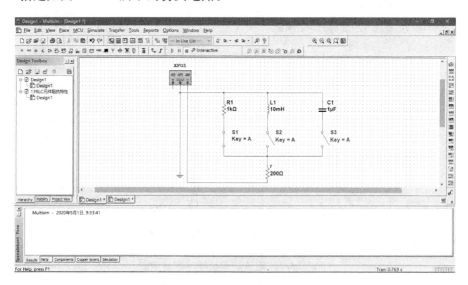

图 7.13.4　搭建仿真电路

7.13.4.2　*RLC* 元件的阻抗频率特性仿真测量

（1）仿真测量电路

加入万用表后的仿真测量电路如图 7.13.5 所示。

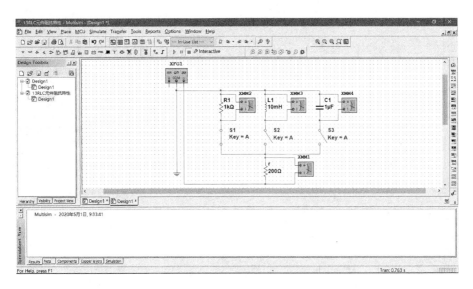

图 7.13.5　仿真测量电路

（2）仿真测量

① 单击"仿真"按钮 ，当测量 R_1 时，开关 S_1 闭合，开关 S_2 与 S_3 断开。当输入频率为 200 Hz 时，U_R 与 U_r 的读数如图 7.13.6 和表 7.13.1 所示。

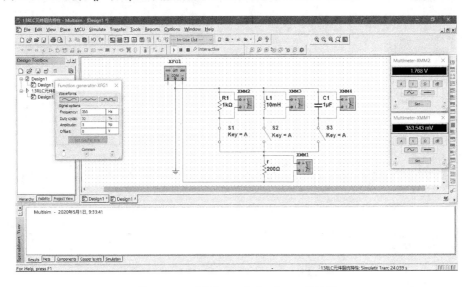

图 7.13.6　测量 R_1 时，U_R 与 U_r 的读数

② 单击"仿真"按钮 ，当测量 L_1 时的数据，开关 S_2 闭合，开关 S_1 与 S_3 断开。当输入频率为 200 Hz 时，U_R 与 U_r 的读数如图 7.13.7 和表 7.13.2 所示。

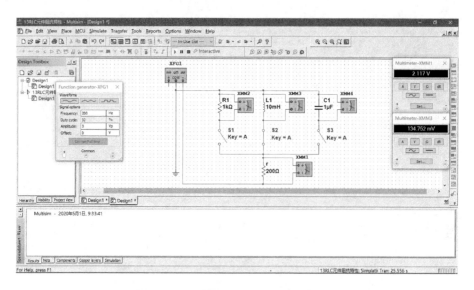

图 7.13.7　测量 L_1 时，U_L 与 U_r 的读数

③ 单击"仿真"按钮 ，当测量 C_1 时的数据，开关 S_3 闭合，开关 S_1 与 S_2 断开。当输入频率为 200 Hz 时，U_R 与 U_r 的读数如图 7.13.8 和表 7.13.2 所示。

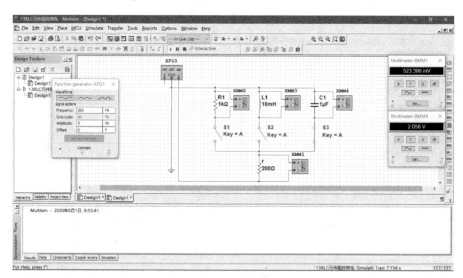

图 7.13.8　测量 C_1 时，U_R 与 U_r 的读数

注　意

在接通 C 测试时，信号源的频率应控制在 200 ~ 2 500 Hz 之间。

调节信号发生器输入频率，进行相应数据的测量。仿真测得的数据如表 7.13.2 所示。

表 7.13.2　各频率点的仿真测量数据

	频率 f/Hz	200	800	1 600	2 400	3 000	3 600	4 200	5 000
R	U_R/V	1.768	1.768	1.768	1.768	1.768	1.768	1.768	1.768
	U_r/mV	353.543	353.546	353.555	353.541	353.556	353.541	353.545	353.555
	$I_R(I_R=U_r/r)$/mA	1.768	1.768	1.768	1.768	1.768	1.768	1.768	1.768
	$R(R=U_R/I_R)$/kΩ	1	1	1	1	1	1	1	1
L	U_L/V	0.134 75	0.523 385	0.962 58	1.288	1.465	1.598	1.699	1.796
	U_r/V	2.117	2.056	1.89	1.686	1.534	1.395	1.271	1.129
	$I_L(I_L=U_r/r)$/mA	10.585	10.28	9.45	8.43	7.67	6.975	6.355	5.645
	$X_L(X_L=U_L/I_L)$/Ω	12.730	50.913	101.860	152.788	191.004	229.104	267.349	318.158
C	U_C/V	2.056	1.486	0.934 831	0.659 839	0.537 31	0.452 233	0.389 977	0.329 225
	U_r/V	0.523 396	1.514	1.904	2.016	2.052	2.073	2.085	2.096
	$I_C(I_C=U_r/r)$/mA	2.617	7.57	9.52	10.08	10.26	10.365	10.425	10.48
	$X_C(X_C=U_C/I_C)$/Ω	785.632	196.301	98.197	65.460	52.369	43.631	37.408	31.415

7.13.4.3　RLC 元件的阻抗角仿真测量

(1) 仿真测量电路

加入双踪示波器后的仿真测量电路如图 7.13.9、图 7.13.10 所示。

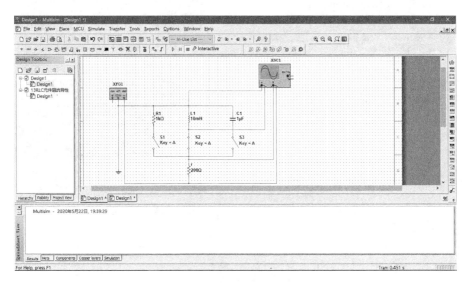

图 7.13.9　*RL* 串联阻抗角测量电路

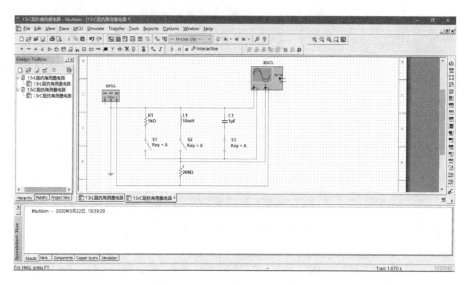

图 7.13.10 RC 串联阻抗角测量电路

（2）RL 串联阻抗角仿真测量

① 单击"仿真"按钮 ，当测量 RL 串联阻抗角时，开关 S_2 闭合，开关 S_1 与 S_3 断开。当输入频率为 500 Hz 时，选好合适的波形进行测量，移动光标测得 $m \approx 492/1\ 000 = 0.492$ 格，如图 7.13.11 所示。

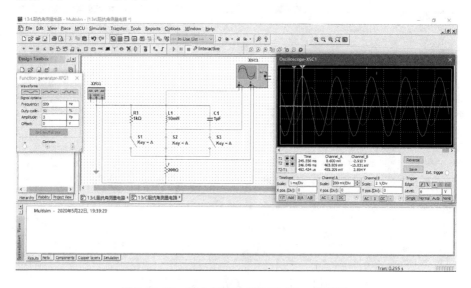

图 7.13.11 输入频率为 500 Hz 时 m 的测量

② 单击"仿真"按钮 ，当测量 RL 串联阻抗角时，开关 S_2 闭合，开关 S_1 与 S_3 断开。当输入频率为 500 Hz 时，选好合适的波形进行测量，移动光标测得 $n \approx 2/1 = 2$ 格，如图 7.13.12 所示。

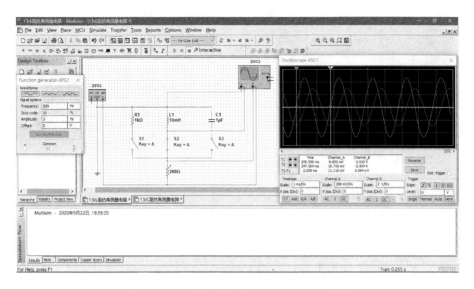

图 7.13.12　输入频率为 500 Hz 时 n 的测量

③ 单击"仿真"按钮 ▶ ⏸ ⏹ ,当测量 RL 串联阻抗角时,开关 S_2 闭合,开关 S_1 与 S_3 断开。当输入频率为 1 000 Hz 时,选好合适的波形进行测量,移动光标测得 $m \approx 256/500 = 0.512$ 格,如图 7.13.13 所示。

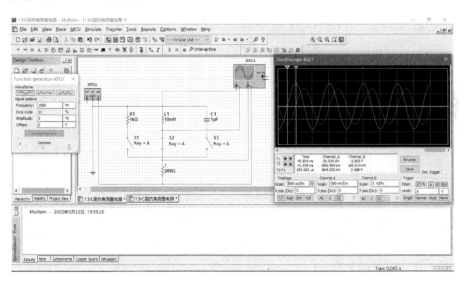

图 7.13.13　输入频率为 1 000 Hz 时 m 的测量

④ 单击"仿真"按钮 ▶ ⏸ ⏹ ,当测量 RL 串联阻抗角时,开关 S_2 闭合,开关 S_1 与 S_3 断开。当输入频率为 1 000 Hz 时,选好合适的波形进行测量,移动光标测得 $n \approx 1/0.5 = 2$ 格,如图 7.13.14 所示。

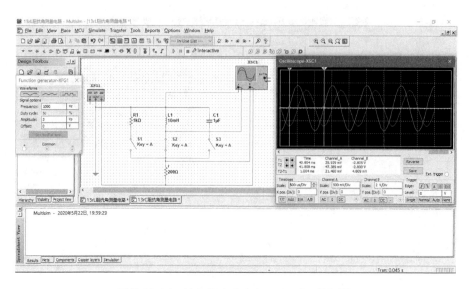

图 7.13.14　输入频率为 1 000 Hz 时 n 的测量

以上是 RL 串联阻抗角的仿真测量，RC 串联阻抗角的仿真测量也照此步骤，$\varphi = m \times \dfrac{360°}{n}$，表格自拟。

7.13.5　RLC 元件阻抗特性的仪器实验

7.13.5.1　测量 R、L、C 元件的阻抗频率特性

通过电缆线将函数信号发生器输出的正弦信号接至图 7.13.2 所示电路，作为激励源 u，并用交流毫伏表测量，使激励电压的有效值 $U = 3$ V，并在实验过程中保持不变。

使信号源的输出频率从 200 Hz 逐渐增至 5 kHz 左右，并使开关 S 分别接通 R、L、C 三个元件，用交流毫伏表分别测量 U_R、U_r、U_L、U_r、U_C、U_r，并通过计算得到各频率点时的 R、X_L 与 X_C 之值，记入表 7.13.3 中。

 注　意

在接通 C 测试时，信号源的频率应控制在 200～2 500 Hz 之间。

表 7.13.3　各频率点的实验测量数据

频率 f/Hz		200	800	1 600	2 400	3 000	3 600	4 200	5 000
R	U_R/V								
	U_r/V								
	$I_R\,(I_R = U_r/r)$/mA								
	$R\,(R = U_R/I_R)$/kΩ								

续表

频率 f/Hz		200	800	1 600	2 400	3 000	3 600	4 200	5 000
L	U_L/V								
	U_r/V								
	$I_L\,(I_L = U_r/r)$/mA								
	$X_L\,(X_L = U_L/I_L)$/kΩ								
C	U_C/V								
	U_r/V								
	$I_C\,(I_C = U_r/r)$/mA								
	$X_C\,(X_C = U_C/I_C)$/kΩ								

7.13.5.2　阻抗角测量

用双踪示波器观察 RL 串联和 RC 串联电路在不同频率下阻抗角的变化情况,按图 7.13.3 记录 n 和 m,计算出 φ,自拟表格并记录之。

7.13.6　实验报告要求

① 写明实验目的。
② 写明实验仪器的名称和型号。
③ 写明实验内容和步骤。
④ 根据实验数据,在方格纸上绘制 R、L、C 三个元件的阻抗频率特性曲线,总结、归纳出结论。
⑤ 根据实验数据,在方格纸上绘制 RL 串联、RC 串联电路的阻抗角频率特性曲线,并总结、归纳出结论。

7.14　RC 选频网络

 预习内容

(1) 根据电路参数,分别估算文氏电桥电路两组参数时的固有频率 f_0。
(2) 导出 RC 串并联电路的幅频、相频特性的数学表达式。
(3) 利用 Multisim14 软件进行 RC 选频网络仿真测量。

7.14.1　实验目的

(1) 熟悉文氏电桥电路的结构特点及其应用。

（2）学会用交流毫伏表和示波器测定文氏电桥电路的幅频特性和相频特性。

（3）进一步熟悉用 Multisim14 软件进行 *RC* 选频网络仿真的方法。

7.14.2　实验器材

RC 选频网络仿真实验器材如表 7.14.1 所示。

表 7.14.1　*RC* 选频网络仿真实验器材

序号	器材名称	型号与规格	数量	备注
1	计算机与 Multisim14 软件		1	
2	多功能电子技术实验平台		1	
3	信号发生器		1	
4	数字示波器		1	
5	交流毫伏表		1	

7.14.3　实验原理

文氏电桥电路是一个 *RC* 串、并联电路，如图 7.14.1 所示。该电路结构简单，被广泛地用于低频振荡电路中作为选频环节，以获得高纯度的正弦波电压。

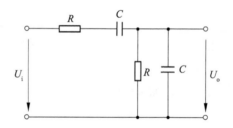

图 7.14.1　文氏电桥电路

7.14.3.1　电路的幅频特性测量原理

用函数信号发生器的正弦输出信号作为图 7.14.1 的激励信号 U_i，并在保持 U_i 值不变的情况下，改变输入信号的频率 f，用交流毫伏表或示波器测出输出端各个频率点下的输出电压 U_o 值，将这些数据画在以频率 f 为横轴，U_o 为纵轴的坐标纸上，用一条光滑的曲线连接这些点，该曲线就是文氏电桥电路的幅频特性曲线。

文氏桥电路的特点是其输出电压幅度不仅会随输入信号的频率改变，而且会出现一个与输入电压同相位的最大值，如图 7.14.2 a 所示。

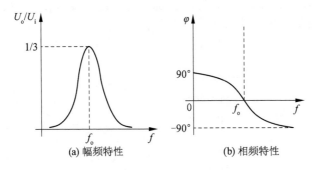

图 7.14.2　选频网络的特性

由电路分析知,该网络的传递函数为

$$\beta = \frac{1}{3 + j(\omega RC - 1/\omega RC)}$$

当 $\omega = \omega_o = \dfrac{1}{RC}$ 时,有

$$|\beta| = \frac{U_o}{U_i} = \frac{1}{3}$$

此时 u_o 与 u_i 同相。图 7.14.2 表明,RC 串并联电路具有带通特性。

7.14.3.2　电路的相频特性测量原理

将上述电路的输入和输出分别接到数字示波器的 Y_A 和 Y_B 两个输入端,改变输入正弦信号的频率,观测相应的输入和输出波形间的时延 τ 及信号的周期 T,则两波形间的相位差为

$$\varphi = \frac{\tau}{T} \times 360° = \varphi_o - \varphi_i （输出相位与输入相位之差）$$

将各个不同频率下的相位差 φ 画在以 f 为横轴,φ 为纵轴的坐标纸上,用光滑的曲线将这些点连接起来,即为被测电路的相频特性曲线,如图 7.14.2 b 所示。

由电路分析理论知,当 $\omega = \omega_o = \dfrac{1}{RC}$,即 $f = f_o = \dfrac{1}{2\pi RC}$ 时,有

$$\varphi = 0$$

即 u_o 与 u_i 同相位。

7.14.4　RC 选频网络的 Multisim14 仿真实验

7.14.4.1　RC 串并联电路的幅频特性仿真电路

在 Multisim14 仿真平台上调取信号发生器、地线、电阻、电容、电感和开关,按图 7.14.1 搭建如图 7.14.3 所示的仿真电路。

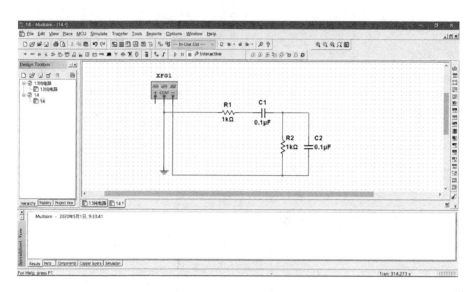

图 7.14.3 搭建仿真电路

7.14.4.2 *RC* 串并联电路幅频特性仿真测量

经过简单计算，$R = 1$ kΩ，$C = 0.1$ μF，$f = f_\circ = \dfrac{1}{2\pi RC} \approx 1\,591$ Hz 时，$\beta = 1/3$。所以，取中间频率为 $1\,591$ Hz，依次向左递减 300 Hz，向右递增 300 Hz 观察，测量数据记入表 7.14.2 中。

当 $R = 200$ Ω，$C = 2.2$ μF，$f = f_\circ = \dfrac{1}{2\pi RC} \approx 362$ Hz 时，$\beta = 1/3$。所以，取中间频率为 362 Hz，依次向左递减 80 Hz，向右递增 300 Hz 观察，测量数据记入表 7.14.2 中。

（1）仿真测量电路

加入万用表后的仿真测量电路如图 7.14.4 所示。

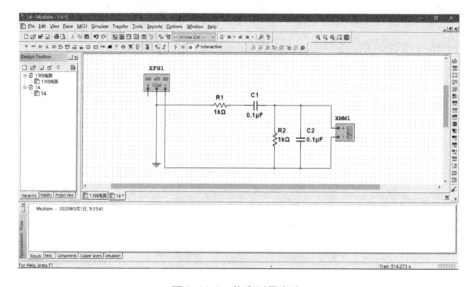

图 7.14.4 仿真测量电路

（2）仿真测量

① 单击"仿真"按钮 ▶ Ⅱ ■，当输入信号频率为 1 591 Hz 时，仿真测量数据如图 7.14.5 所示。

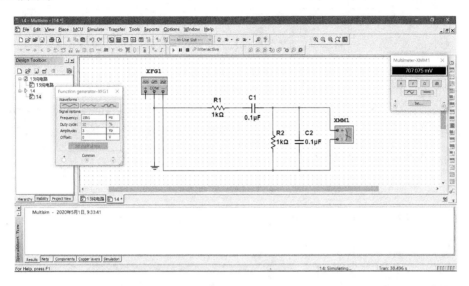

图 7.14.5　输入信号频率为 1 591 Hz 时仿真测量数据

② 单击"仿真"按钮 ▶ Ⅱ ■，当输入频率为 1 891 Hz 时，仿真测量数据如图 7.14.6 所示。

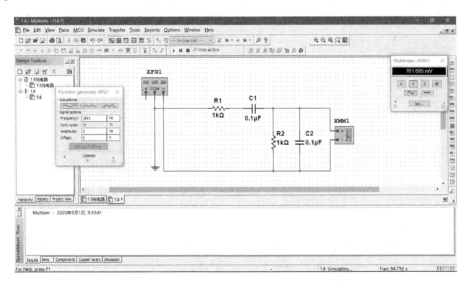

图 7.14.6　输入频率为 1 891 Hz 时仿真测量数据

其余数据也照此方法测量，只需改变信号发生器的输入频率即可，全部数据记录于表 7.14.2 中。

表 7.14.2　幅频特性测量数据

$R = 1$ kΩ,	f/Hz	191	691	991	1 291	1 591	1 891	2 191	2 491	2 791
$C = 0.1$ μF	U_0/mV	440.352	603.299	673.815	701.015	707.075	701.695	689.711	673.799	655.474
$R = 200$ Ω,	f/Hz	42	122	202	282	362	662	962	1 262	1 562
$C = 2.2$ μF	U_0/V	238.23	535.673	656.38	698.355	707.062	647.617	559.066	479.471	414.507

7.14.4.3　测量 RC 串、并联电路的相频特性

将图 7.14.1 的输入 U_i 和输出 U_o 分别接至数字示波器的 Y_A 和 Y_B 两个输入端,改变输入正弦信号的频率,观测不同频率点时相应的输入与输出波形间的时延 τ 及信号的周期 T。两波形间的相位差为

$$\varphi = \varphi_o - \varphi_i = \frac{\tau}{T} \times 360°$$

（1）测量 RC 串、并联电路的相频特性电路搭建

相频特性电路的仿真如图 7.14.7 所示。

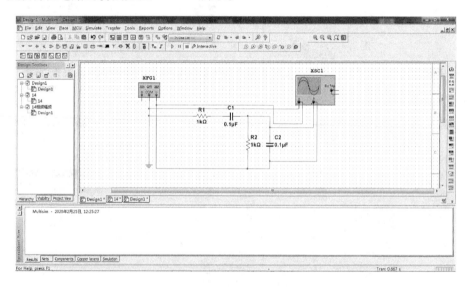

图 7.14.7　相频特性电路的仿真

（2）数据记录

① 单击"仿真"按钮 ▷ Ⅱ ■ ,数据测量如图 7.14.8 所示。当输入信号频率为 591 Hz 时,首先选好合适的波形进行测量,然后移动示波器内黄色与绿色指针至两个波形相邻的峰值处,则 $\tau = T_2 - T_1 \approx 0.184$ ms。

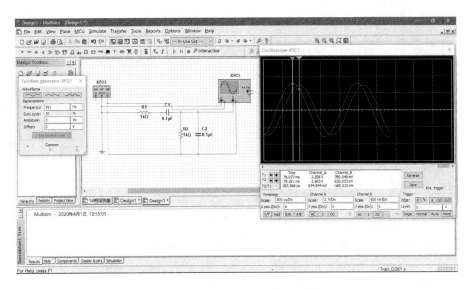

图 7.14.8　输入信号频率为 591 Hz 时的数据测量

② 单击"仿真"按钮 ▷ Ⅱ ■，改变输入频率为 1 091 Hz，继续测量。相关数据如图 7.14.9 所示，$\tau = T_2 - T_1 \approx 0.048$ ms。

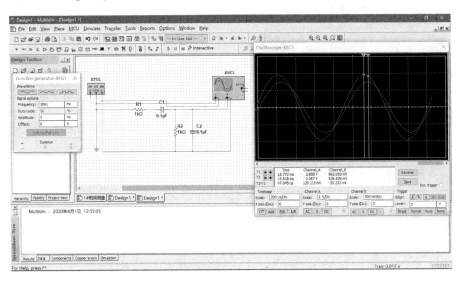

图 7.14.9　输入频率为 1 091 Hz 时的数据测量

其余数据测量也照此方法，全部数据记录于表 7.14.3 中。

表 7.14.3　相频特性测量数据

$R = 1\ \mathrm{k\Omega}, C = 0.1\ \mathrm{\mu F}$				$R = 200\ \mathrm{\Omega}, C = 2.2\ \mathrm{\mu F}$			
f/Hz	T/ms	τ/ms	$\varphi/(\degree)$	f/Hz	T/ms	τ/ms	$\varphi/(\degree)$
591	1.69	0.184	39.1	162	6.17	0.492	28.7
1 091	0.92	0.048	18.8	262	3.82	0.208	19.6

$R = 1 \text{ k}\Omega, C = 0.1 \text{ μF}$				$R = 200 \text{ Ω}, C = 2.2 \text{ μF}$			
f/Hz	T/ms	τ/ms	$\varphi/(°)$	f/Hz	T/ms	τ/ms	$\varphi/(°)$
1 591	0.63	0	0	362	1.51	0	0
2 091	0.48	−0.019	−14.25	862	1.16	−0.133	−41.3
2 591	0.39	−0.023	−21.2	1062	0.94	−0.117	−44.8

7.14.5 RC 选频网络的仪器实验

7.14.5.1 测量 RC 串、并联电路的幅频特性

① 按图 7.14.1 组装线线路,取 $R = 1 \text{ k}\Omega, C = 0.1 \text{ μF}$;

② 调节信号源输出电压为 3 V 的正弦信号,接入图 7.14.1 所示的输入端;

③ 改变信号源的频率 f(由频率计读得),并保持 $U_i = 3$ V 不变,测量输出电压 U_o(可先测量 $\beta = 1/3$ 时的频率 f_o,然后再在 f_o 左右设置其他频率点测量);

④ 取 $R = 200 \text{ Ω}, C = 2.2 \text{ μF}$,重复上述测量。

所有测量数据记入表 7.14.4 中。

表 7.14.4 幅频特性测量数据

$R = 1 \text{ k}\Omega, C = 0.1 \text{ μF}$		$R = 200 \text{ Ω}, C = 2.2 \text{ μF}$	
f/Hz	U_o/V	f/Hz	U_o/V

7.14.5.2 测量 RC 串、并联电路的相频特性

将图 7.14.1 的输入 U_i 和输出 U_o 分别接至数字示波器的 Y_A 和 Y_B 两个输入端,改变输入正弦信号的频率,观测不同频率点时相应的输入与输出波形间的时延 τ 及信号的周期 T。两波形间的相位差为

$$\varphi = \varphi_o - \varphi_i = \frac{\tau}{T} \times 360°$$

测量数据记入表 7.14.5 中。

表 7.14.5　相频特性测量数据

$R = 1\ \text{k}\Omega, C = 0.1\ \mu\text{F}$				$R = 200\ \Omega, C = 2.2\ \mu\text{F}$			
f/Hz	T/ms	τ/ms	φ	f/Hz	T/ms	τ/ms	φ

7.14.5.3　注意事项

由于信号源内阻的影响,输出幅度会随信号频率变化。因此,在调节输出频率时,应同时调节输出幅度,使实验电路的输入电压保持不变。

7.14.6　实验报告要求

① 写明实验目的。

② 写明实验仪器的名称和型号。

③ 写明实验内容和步骤。

④ 根据实验数据,绘制文氏电桥电路的幅频特性和相频特性曲线,找出 f_0,并与理论计算值比较,分析误差原因。

⑤ 讨论实验结果。

7.15　双口网络

 预习内容

(1) 了解双口网络同时测量法与分别测量法的测量步骤、优缺点及其适用情况。

(2) 直流双口网络的测量方法可否用于交流双口网络的测量?

(3) 利用 Multisim14 软件进行双口网络仿真测量。

7.15.1　实验目的

(1) 加深理解双口网络的基本理论。

（2）掌握直流双口网络传输参数的测量技术。

（3）进一步熟悉用 Multisim14 软件进行双口网络仿真的方法。

7.15.2 实验器材

双口网络仿真实验器材如表 7.15.1 所示。

表 7.15.1 双口网络仿真实验器材

序号	器材名称	型号与规格	数量	备注
1	计算机与 Multisim14 软件		1	
2	多功能电子技术实验箱		1	
3	直流稳压电源	0 ~ 30 V	1	
4	直流数字电压表	0 ~ 200 V	1	
5	直流数字毫安表	0 ~ 200 mA	1	

7.15.3 实验原理

对于任何一个线性网络,只关心其输入端口和输出端口的电压和电流之间的相互关系,而不关心其内部结构,这就是"黑盒理论"的基本内容。

7.15.3.1 双口网络的传输参数

一个双口网络两端口的电压和电流四个变量之间的关系,可以用多种形式的参数方程来表示。本实验采用输出口的电压 U_2 和电流 I_2 作为自变量,以输入口的电压 U_1 和电流 I_1 作为因变量,所得的方程称为双口网络的传输方程。图 7.15.1 所示无源线性双口网络(又称为四端网络)的传输方程为

$$U_1 = AU_2 + BI_2$$
$$I_1 = CU_2 + DI_2$$

式中,A、B、C、D 为双口网络的传输参数,其值完全决定于网络的拓扑结构及各支路元件的参数值。这四个参数表征了该双口网络的基本特性,它们的含义分别为

$$A = \frac{U_{10}}{U_{20}}(令 I_2 = 0 \text{ A},即输出口开路时)$$

$$B = \frac{U_{1S}}{I_{2S}}(令 U_2 = 0 \text{ A},即输出口短路时)$$

$$C = \frac{I_{10}}{U_{20}}(令 I_2 = 0 \text{ A},即输出口开路时)$$

$$D = \frac{I_{1S}}{I_{2S}}(令 U_2 = 0 \text{ V},即输出口短路时)$$

由以上可知,只要在网络的输入口加上电压,在两个端口同时测量其电压和电流,即

可求出 A、B、C、D 四个参数,此即为双端口同时测量法。

图 7.15.1　无源线性双口网络

7.15.3.2　双口网络的传输参数测量

若要测量一条远距离输电线构成的双口网络,采用同时测量法就很不方便,这时可采用分别测量法,即先在输入口加电压,而将输出口开路和短路,在输入口测量电压和电流,由传输方程可得

$$R_{10} = \frac{U_{10}}{I_{10}} = \frac{A}{C}(令 I_2 = 0,即输出口开路时)$$

$$R_{1S} = \frac{U_{1S}}{I_{1S}} = \frac{B}{D}(令 U_2 = 0,即输出口短路时)$$

在输出口加电压,而将输入口开路和短路,测量输出口的电压和电流,此时

$$R_{20} = \frac{U_{20}}{I_{20}} = \frac{D}{C}(令 I_1 = 0,即输入口开路时)$$

$$R_{2S} = \frac{U_{2S}}{I_{2S}} = \frac{B}{A}(令 U_1 = 0,即输入口短路时)$$

式中,R_{10}、R_{1S}、R_{20}、R_{2S} 分别表示一个端口开路和短路时另个一端口的等效输入电阻,这四个参数中只有三个是独立的(因为 $AD - BC = 1$)。至此,求出的四个传输参数为

$$A = \sqrt{R_{10}/(R_{20} - R_{2S})}$$

$$B = R_{2S}A$$

$$C = A/R_{10}$$

$$D = R_{20}C$$

7.15.3.3　等效双口网络的传输参数测量

双口网络级联后的等效双口网络的传输参数亦可采用前述的方法之一求得。从理论推得两个双口网络级联后的传输参数与每一个参加级联的双口网络的传输参数之间的关系为

$$A = A_1A_2 + B_1C_2$$

$$B = A_1B_2 + B_1D_2$$

$$C = C_1A_2 + D_1C_2$$

$$D = C_1B_2 + D_1D_2$$

7.15.3.4　双口网络实验

双口网络实验线路如图 7.15.2 所示。将直流稳压电源的输出电压调到 10 V,作为双

口网络的输入。

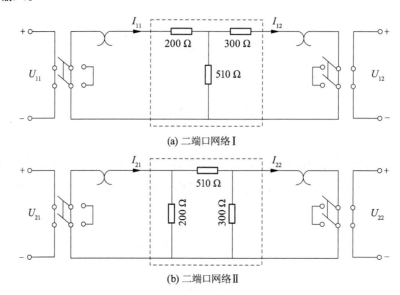

(a) 二端口网络Ⅰ

(b) 二端口网络Ⅱ

图 7.15.2   双口网络实验线路

7.15.4   双口网络的 Multisim14 仿真实验

7.15.4.1   同时测量法

（1）同时测量法仿真电路

在 Multisim14 仿真平台上调取直流电源、电阻和开关，按图 7.15.2 搭建如图 7.15.3、图 7.15.4 所示的仿真电路。

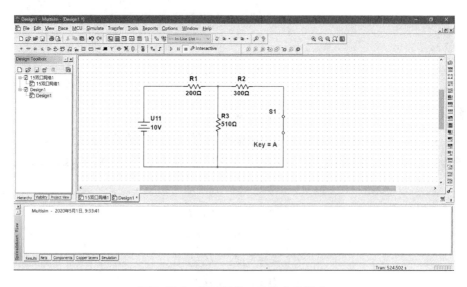

图 7.15.3   双口网络Ⅰ仿真电路搭建

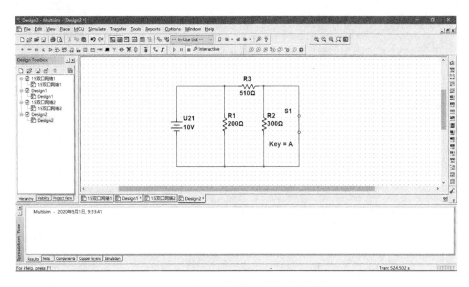

图 7.15.4　双口网络 II 仿真电路搭建

（2）同时测量法仿真测量

① 加入万用表后，双口网络 I 与双口网络 II 仿真测量电路如图 7.15.5、图 7.15.6 所示。

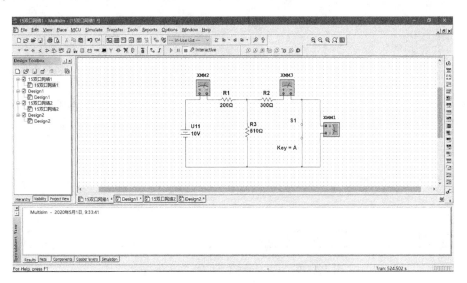

图 7.15.5　双口网络 I 仿真测量电路

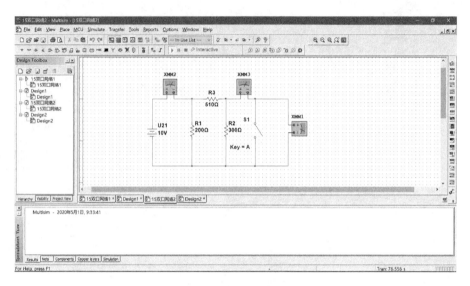

图7.15.6 双口网络Ⅱ仿真测量电路

② 双口网络Ⅰ输出端开路仿真测量,如图7.15.7所示。单击"仿真"按钮 ![btn] ,仿真测量数据记录于表7.15.2中。

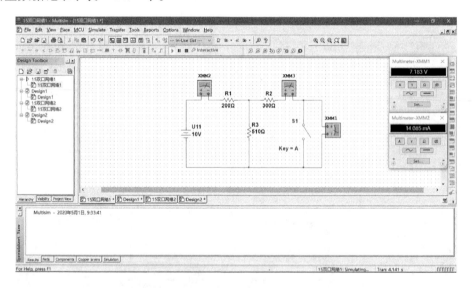

图7.15.7 双口网络Ⅰ输出端开路仿真测量

③ 双口网络Ⅰ输出端短路仿真测量,如图7.15.8所示。单击"仿真"按钮 ![btn] ,仿真测量数据记录于表7.15.2中。

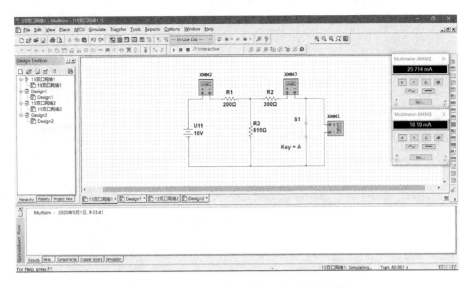

图 7.15.8 双口网络 I 输出端短路仿真测量

④ 双口网络 II 输出端开路仿真测量,如图 7.15.9 所示。单击"仿真"按钮 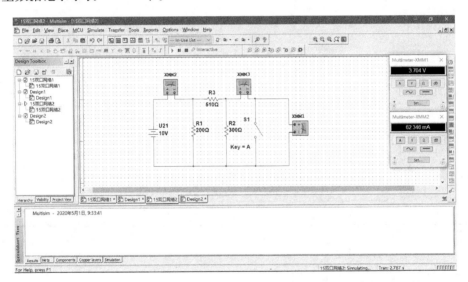 ,仿真测量数据记录于表 7.15.2 中。

图 7.15.9 双口网络 II 输出端开路仿真测量

⑤ 双口网络 II 输出端短路仿真测量,如图 7.15.10 所示。单击"仿真"按钮 ,仿真测量数据记录于表 7.15.2 中。

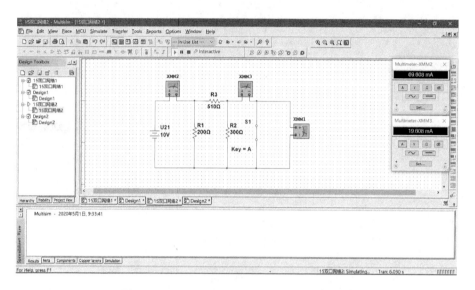

图 7.15.10   双口网络 II 输出端短路仿真测量

表 7.15.2   仿真测得的数据

双口网络 I	输出端开路 $I_{12} = 0$ A	仿真测量值			仿真测算值	
		U_{110}/V	U_{120}/V	I_{110}/mA	A_1	B_1
		10	7.183	14.085	1.39	620
	输出端短路 $U_{12} = 0$ V	U_{11S}/V	I_{11S}/mA	I_{12S}/mA	C_1	D_1
		10	25.714	16.19	0.001 96	1.59
双口网络 II	输出端开路 $I_{22} = 0$ A	仿真测量值			仿真测算值	
		U_{210}/V	U_{220}/V	I_{210}/mA	A_2	B_2
		10	3.704	62.346	2.70	510
	输出端短路 $U_{22} = 0$ V	U_{21S}/V	I_{21S}/mA	I_{22S}/mA	C_2	D_2
		10	69.608	19.608	0.017	3.55

7.15.4.2   分别测量法

（1）分别测量法仿真测量电路

将两个双口网络级联,即将网络 I 的输出接至网络 II 的输入。用两端口分别测量法仿真测量级联后等效双口网络的传输参数 A、B、C、D,并验证等效双口网络传输参数与级联的两个双口网络传输参数之间的关系。级联后仿真测量电路如图 7.15.11 所示。

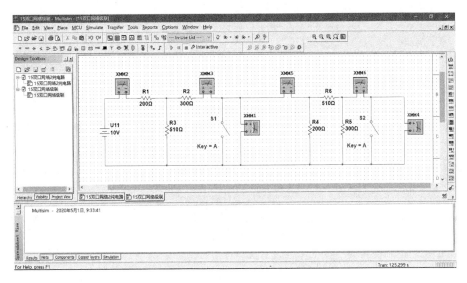

图 7. 15. 11　级联后电路测量

（2）分别测量法仿真测量

① 输出端开路仿真测量如图 7. 15. 12 所示。单击"仿真"按钮 ▶ Ⅱ ■ ，万用表"XMM2"电流读数记录于表7. 15. 3 中。

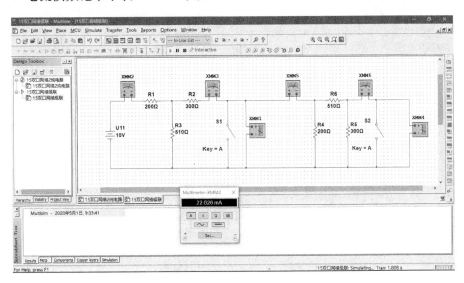

图 7. 15. 12　输出端开路仿真测量

② 输入端开路仿真测量如图 7. 15. 13 所示。单击"仿真"按钮 ▶ Ⅱ ■ ，万用表"XMM1"电压与万用表"XMM5"电流读数记录于表7. 15. 3 中。

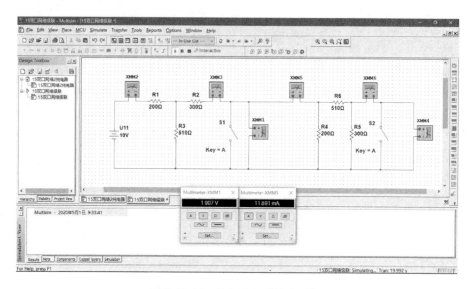

图7.15.13　输入端开路仿真测量

③ 输出端短路仿真测量如图7.15.14所示。单击"仿真"按钮 ▷ ▮▮ ▪，万用表"XMM2"电流读数记录于表7.15.3中。

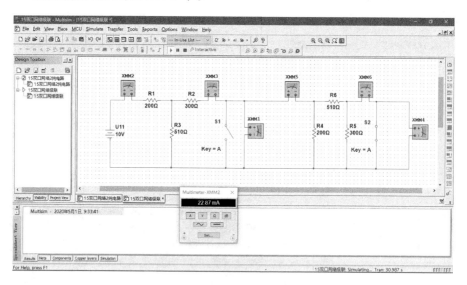

图7.15.14　输出端短路仿真测量

④ 输入端短路仿真测量如图7.15.15所示。单击"仿真"按钮 ▷ ▮▮ ▪，万用表"XMM1"电压与万用表"XMM6"电流读数记录于表7.15.3中。

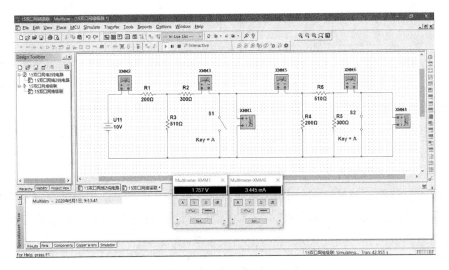

图 7.15.15　输入端短路仿真测量

表 7.15.3　仿真测得的数据

输出端开路 $I_2 = 0$ A			输出端短路 $U_2 = 0$ V			计算值
U_{10}/V	I_{10}/mA	R_{10}/kΩ	U_{1S}/V	I_{1S}/mA	R_{1S}/kΩ	
10	22.626	0.442	10	22.87	0.818	
输入端开路 $I_1 = 0$ A			输入端短路 $U_1 = 0$ A			$A = 5.24$
U_{20}/V	I_{20}/mA	R_{20}/kΩ	U_{2S}/V	I_{2S}/mA	R_{2S}/kΩ	$B = 2\,903$
1.907	11.891	0.160	1.757	3.445	0.510	$C = 0.012$ $D = 6.64$

7.15.5　双口网络的仪器实验

7.15.5.1　同时测量法

按同时测量法分别测定两个双口网络的传输参数 A_1、B_1、C_1、D_1 和 A_2、B_2、C_2、D_2，并列出它们的传输方程，数据记录于表 7.15.4 中。

表 7.15.4　实验测量数据记录

		实验测量值			实验测算值	
双口网络 I	输出端开路 $I_{12} = 0$	U_{110}/V	U_{120}/V	I_{110}/mA	A_1	B_1
	输出端短路 $U_{12} = 0$	U_{11S}/V	I_{11S}/mA	I_{12S}/mA	C_1	D_1

续表

双口网络Ⅱ		实验测量值			实验测算值	
	输出端开路 $I_{22}=0$	U_{210}/V	U_{220}/V	I_{210}/mA	A_2	B_2
	输出端短路 $U_{22}=0$	U_{21S}/V	I_{21S}/mA	I_{22S}/mA	C_2	D_2

7.15.5.2　分别测量法

将两个双口网络级联,即将网络Ⅰ的输出接至网络Ⅱ的输入。用两端口分别测量法测量级联后等效双口网络的传输参数 A、B、C、D,并验证等效双口网络传输参数与级联的两个双口网络传输参数之间的关系,数据记录于表 7.15.5 中。

表 7.15.5　实验测量数据

输出端开路 $I_2=0$ A			输出端短路 $U_2=0$ V			计算值
U_{10}/V	I_{10}/mA	$R_{10}/k\Omega$	U_{1S}/V	I_{1S}/mA	$R_{1S}/k\Omega$	
输入端开路 $I_1=0$ A			输入端短路 $U_1=0$ V			$A=$ $B=$ $C=$ $D=$
U_{20}/V	I_{20}/mA	$R_{20}/k\Omega$	U_{2S}/V	I_{2S}/mA	$R_{2S}/k\Omega$	

7.15.5.3　注意事项

① 用电流插头插座测量电流时,要注意判别电流表的极性及选取适合的量程(根据所给的电路参数,估算电流表量程)。

② 计算传输参数时,I、U 均取其正值。

7.15.6　实验报告要求

① 写明实验目的。

② 写明实验仪器的名称和型号。

③ 写明实验内容和步骤。

④ 完成对数据表格的测量和计算任务。

⑤ 列写参数方程。

⑥ 验证级联后等效双口网络的传输参数与级联的两个双口网络传输参数之间的关系。

⑦ 总结、归纳双口网络的测试技术。

第 **8** 章

电工技术实验

教学提示

本章主要介绍电工技术实验,包括交流电路参数,单相变压器特性,三相电路电压、电流及功率、功率因数、相序等测量,还包括三相异步电动机的直接启动、正反转控制实验等。

教学要求

理解实验原理,掌握三相电路参量测量实验方法,会正确安装三相电路并注意安全规范要求。

教学方法

采用先预习后实验、先讲授后实际操作的教学方法。

8.1 交流电路等效参数

预习内容

(1) 自拟实验所需的全部表格。

(2) 在 50 Hz 的交流电路中,测得一只铁芯线圈的 P、I 和 U,如何计算它的电阻值及电感量?

(3) 参阅课外资料,了解日光灯的电路连接方法和工作原理。

(4) 当日光灯上缺少启辉器时,人们常用一根导线将启辉器插座的两端短接一下,然后迅速断开,使日光灯点亮;或用一只启辉器点亮多只同类型的日光灯,这是为什么?

(5) 了解功率表的连接方法。

（6）了解自耦调压器的操作方法。

8.1.1 实验目的

（1）学会使用交流数字仪表（电压表、电流表、功率表）和自耦调压器。
（2）学习用交流数字仪表测量交流电路的电压、电流和功率。
（3）掌握用交流数字仪表测定交流电路参数的方法。
（4）加深对阻抗、阻抗角及相位差等概念的理解。

8.1.2 实验仪器

电工技术实验所需仪器如表8.1.1所示。

表 8.1.1　电工技术实验仪器

序号	器材名称	型号与规格	数量	备注
1	现代电工技术教学实验平台			
2	交流电压表	$0 \sim 450$ V	1	
3	交流电流表	$0 \sim 3$ A	1	
4	交流功率表		1	
5	交流功率因数表		1	
6	自耦调压器		1	输出可调的交流电压
7	镇流器	30 W	1	
8	电容器	400 V/4.7 μF	1	
9	电流插头		1	
10	白炽灯	25 W/220 V	1	

8.1.3 实验原理

在正弦交流电路中各个元件的参数值，可以用交流电压表、交流电流表及功率表分别测量元件两端的电压 U，流过该元件的电流 I 和它所消耗的功率 P，然后通过计算得到其他参数值，这种方法称为三表法，是用来测量 50 Hz 交流电路参数的基本方法。计算的基本公式如下：

电阻元件

$$电阻\ R = \frac{U_{\mathrm{R}}}{I} 或 R = \frac{P}{I^2}$$

电感元件

$$感抗\ X_{\mathrm{L}} = \frac{U_{\mathrm{L}}}{I}；电感\ L = \frac{X_{\mathrm{L}}}{2\pi f}$$

电容元件

$$容抗\ X_{\mathrm{C}} = \frac{U_{\mathrm{C}}}{I}; 电容\ C = \frac{1}{2\pi f X_{\mathrm{C}}}$$

串联电路

$$复阻抗的模\ |Z| = \frac{U}{I}; 阻抗角\ \varphi = \arctan\frac{X}{R}$$

其中,等效电阻 $R = \dfrac{P}{I^2}$,等效电抗 $X = \sqrt{|Z|^2 - R^2}$

本次实验电阻元件用白炽灯(非线性电阻),电感线圈用镇流器。由于镇流器线圈的金属导线具有一定电阻,因而镇流器可以由电感和电阻相串联来表示。电容器一般可认为是理想的电容元件。

在 RLC 串联电路中,各元件电压之间存在相位差,电源电压应等于各元件电压的相量和,而不能用它们的有效值直接相加。

电路功率用功率表测量,功率表(又称瓦特表)是一种电动式仪表,其中电流线圈与负载串联(具有两个电流线圈,可串联或并联,以便得到两个电流量程),而电压线圈与电源并联,电流线圈和电压线圈的同名端(标有 * 号端)必须连在一起,如图 8.1.1 所示。本实验使用数字式功率表,连接方法与电动式功率表相同,电压表量程选 450 V,电流表量程选 3 A。

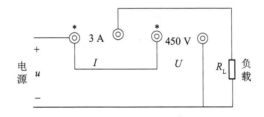

图 8.1.1　功率表的连接

8.1.4　实验内容

实验测量电路如图 8.1.2 所示。交流电源经自耦调压器调压后向负载 Z 供电。

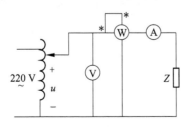

图 8.1.2　实验测量电路

实验 1:测量白炽灯的电阻

图 8.1.2 电路中的 Z 为一个额定电压 220 V、额定功率 25 W 的白炽灯,用自耦调压

器调压,使 u 为 220 V(用电压表测量),并测量电流和功率,记入自拟的数据表格中。

将电压 U 调到 110 V,重复上述实验。

实验 2:测量电容器的容抗

将图 8.1.2 电路中的 Z 换为 4.7 μF 的电容器(改接电路时必须断开交流电源),将电压 u 调到 220 V,测量电压、电流和功率,记入自拟的数据表中。

将电容器换为 0.47 μF,重复上述实验。

实验 3:测量镇流器的参数

将图 8.1.2 电路中的 Z 换为镇流器,将电压 u 分别调到 180 V 和 90 V,测量电压、电流和功率,记入自拟的数据表格中。

实验 4:测量日光灯的参数

日光灯电路如图 8.1.3 所示,将电压 u 调到 220 V,测量日光灯管两端电压 u_R、镇流器电压 u_{RL}、总电压 u、电流和功率,并记入自拟的数据表中。

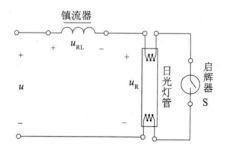

图 8.1.3　日光灯电路

8.1.5　注意事项

① 通常功率表不单独使用,要有电压表和电流表监测,使电压表和电流表的读数不超过功率表电压和电流的量程。

② 注意功率表的正确接线,接通电源前必须经指导教师检查。

③ 自耦调压器在接通电源前,应将其手柄置于零位上,调节时,使其输出电压从零开始逐渐增大。每次改接实验负载或实验完毕,都必须先将其旋柄慢慢调回零位,再断开电源。

8.1.6　实验报告要求

(1)写明实验目的。

(2)写明实验仪器的名称和型号。

(3)写明实验内容和步骤。

(4)数据处理:

① 根据实验 1 的数据,计算白炽灯在不同电压下的电阻值。

② 根据实验 2 的数据，计算电容器的容抗和电容值。

③ 根据实验 3 的数据，计算镇流器的参数(电阻 R 和电感 L)。

④ 根据实验 4 的数据，计算日光灯的电阻值，画出各电压和电流的相量图，说明各电压之间的关系。

8.2　单相变压器特性

 **预习内容**

(1) 变压器的空载和短路实验有什么特点? 实验中电源电压一般加在哪一方较合适?

(2) 在空载和短路实验中，各种仪表应怎样连接才能使测量误差最小?

(3) 如何通过实验测定变压器的铁耗及铜耗?

8.2.1　实验目的

(1) 通过空载和短路实验测定变压器的变比和参数。

(2) 通过负载实验获取变压器的运行特性。

8.2.2　实验器材

单相变压器特性实验器材如表 8.2.1 所示。

表 8.2.1　单相变压器特性实验器材

序号	器材名称	型号与规格	数量	备注
1	现代电工技术教学实验平台			
2	交流电压表		1	
3	交流电流表		1	
4	单相变压器		1	
5	功率及功率因数表		1	
6	三相交流灯泡负载		1	

8.2.3 实验原理

8.2.3.1 实验电路

（1）空载实验

获取空载特性 $U_o = f(I_o)$，$P_o = f(U_o)$ 的实验线路如图 8.2.1 所示。

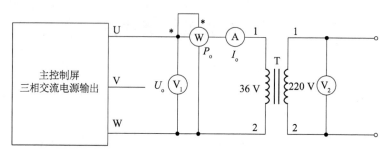

图 8.2.1 空载实验线路

实验时，变压器 T 低压线圈 1、2 接电源，高压线圈 1、2 开路。W 为功率表，接线时，需注意电压线圈和电流线圈的同名端，避免接错。

（2）短路实验

测取短路特性 $U_K = f(I_K)$，$P_K = f(I_k)$ 的实验线路如图 8.2.2 所示。

 注 意

> 每次改接线路时，都要断开电源。

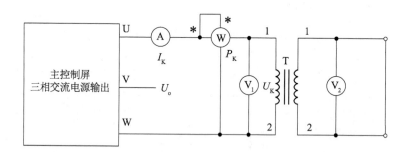

图 8.2.2 短路实验接线

实验时，变压器 T 的高压线圈接电源，低压线圈直接短路。

（3）负载实验

负载实验，保持 $U_1 = U_{1N}$，测取 $U_2 = f(I_2)$。实验线路如图 8.2.3 所示。

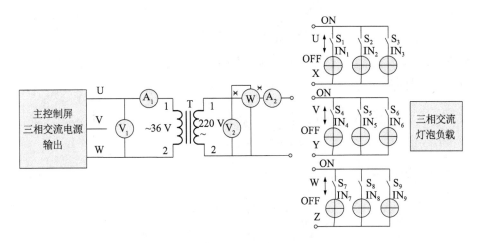

图 8.2.3 变压器负载实验接线图

变压器 T 低压线圈接电源,高压线圈经过接到灯泡负载上。

8.2.3.2 参数计算

(1) 计算变比

由空载实验测取变压器的原、副方电压的三组数据,分别计算出变比,然后取其平均值作为变压器的变比 K。

$$K = \frac{U_1}{U_2}$$

(2) 绘出空载特性曲线和计算激磁参数

① 绘出空载特性曲线 $U_o = f(I_o)$,$P_o = f(U_o)$,$\cos \varphi_o = f(U_o)$。

式中

$$\cos \varphi_o = \frac{P_o}{U_o I_o}$$

② 计算激磁参数。

从空载特性曲线上查出对应于 $U_o = U_N$ 时的 I_o 和 P_o 值,激磁参数为

$$r_m = \frac{P_o}{I_o^2}, Z_m = \frac{U_o}{I_o}, X_m = \sqrt{Z_m^2 - r_m^2}$$

(3) 绘出短路特性曲线并计算短路参数

① 绘出短路特性曲线 $U_K = f(I_K)$、$P_K = f(I_K)$、$\cos \varphi_K = f(I_K)$。

② 计算短路参数。

从短路特性曲线上查出对应于短路电流 $I_K = I_N$ 时的 U_K 和 P_K 值,实验环境温度为 $\theta(℃)$ 时,短路参数为

$$Z'_K = \frac{U_K}{I_K}, R'_K = \frac{P_K}{I_K^2}, X'_K = \sqrt{Z'^2_K - R'^2_K}$$

折算到低压方

$$Z_K = \frac{Z'_K}{K^2}, R_K = \frac{R'_K}{K^2}, X_K = \frac{X'_K}{K^2}$$

由于短路电阻 R_K 随温度而变化,因此,算出的短路电阻应按国家标准换算到基准工作温度 75 ℃时的阻值。

$$R_{K75\,℃} = R_{K\theta}\frac{234.5 + 75}{234.5 + \theta}; Z_{K75\,℃} = \sqrt{R_{K75\,℃} + X_K^2}$$

式中,234.5 为铜导线的常数,若用铝导线常数应改为 228。

阻抗电压为

$$U_K = \frac{I_N Z_{K75\,℃}}{U_N} \times 100\%$$

$$U_{KR} = \frac{I_N R_{K75\,℃}}{U_N} \times 100\%$$

$$U_{KX} = \frac{I_N X_K}{U_N} \times 100\%$$

$I_K = I_N$ 时的短路损耗为

$$P_{KN} = I_N^2 R_{K75\,℃}$$

(4)绘制等效电路

利用空载和短路实验测定的参数,画出被试变压器折算到低压方的 Γ 型等效电路。

8.2.4 实验内容

8.2.4.1 空载实验

按图 8.2.1 所示连接电路,空载实验步骤如下:

① 在三相交流电源断电的条件下,将调压器旋钮逆时针方向旋转到底,并合理选择仪表量程。

② 合上交流电源总开关,即按下绿色"闭合"开关,顺时针调节调压器旋钮,使变压器空载电压 $U_o = 1.2U_N$,U_N 为中性线电压。

③ 逐渐降低电源电压,在 1.2 ~ 0.5U_N 的范围内测取变压器的 U_o、I_o、P_o,共取 6 ~ 7 组数据,其中 $U = U_N$ 的点必须测量,且该点附近测的点应密些。为了计算变压器的变化,当三相交流电源输出电压小于 U_N 时测取原方电压的同时测取副方电压,填入表 8.2.2 中。

④ 测量数据以后,断开三相电源,以便为下次实验做好准备。

表 8.2.2　测量数据记录表

序号	实验数据				计算数据
	U_o/V	I_o/A	P_o/W	U_1/V	$\cos \varphi_o$
1					
2					
3					
4					
5					
6					
7					

8.2.4.2　短路实验

按图 8.2.2 所示连接电路,短路实验步骤如下:

① 断开三相交流电源,将调压器旋钮逆时针方向旋转到底,即使输出电压为零。

② 合上交流电源绿色"闭合"开关,接通交流电源,逐渐增大输入电压,直到短路电流等于 $1.1I_N$ 为止。在 $(0.5 \sim 1.1)I_N$ 范围内测取变压器的 U_K、I_K、P_K,共取 $6 \sim 7$ 组数据记录于表 8.2.3 中(其中 $I = I_K$ 的点必测),并记录实验时周围环境温度。

表 8.2.3　测量数据记录

室温 $\theta = $ ＿＿＿＿＿ ℃

序号	实验数据			计算数据
	U_K/V	I_K/A	P_K/W	$\cos \varphi_K$
1				
2				
3				
4				
5				
6				

8.2.4.3　负载实验

按图 8.2.3 所示连接电路。负载实验步骤如下:

① 未接通主电源前,将调压器调节旋钮逆时针调到底,三相交流灯泡负载的所有开关 S 断开,先将 IN_1、IN_4、IN_7 三个灯泡负载串联,其中 X 与 V、Y 与 W 相连,然后将 U 和 Z 接入 220 V 高压线圈,合下开关 S_1、S_4、S_7。

② 接通交流主电源,逐渐增大电源电压,使变压器输入电压 $U_1 = U_N = 36$ V(在实验

过程中保持此电压值不变),测取变压器的输出电压 U_2 和电流 I_2。

③ 断开交流主电源及开关 S_1、S_4、S_7,将交流灯泡负载改为 IN_1 和 IN_4 两个灯泡负载串联,其中 X 与 V 相连,然后 U 和 Y 接入高压线圈,合下开关 S_1、S_4,重复步骤②。

④ 断开交流主电源及开关 S_1、S_4,将交流灯泡负载改为 IN_1 和 IN_2 两个灯泡负载相并联再与 IN_4 灯泡串联,其中 X 与 V 相连,然后 U 和 Y 接入高压线圈,合下开关 S_1、S_2、S_4,重复步骤② 。

⑤ 断开交流主电源及开关 S_1、S_2、S_4,将交流灯泡负载改为 IN_1 一个灯泡负载,然后 U 和 X 接入高压线圈,合下开关 S_1,重复步骤②。

⑥ 断开交流主电源及开关 S_1,将交流灯泡负载改为 IN_1 和 IN_2 两个灯泡负载并联,然后 U 和 X 接入高压线圈,合下开关 S_1、S_2,重复步骤②。

⑦ 测取数据时,共取数据 6 组,记录于表 8.2.4 中,实验完成后,断开三相交流电源,并将调压器调节旋钮逆时针调到底。

表 8.2.4 测量数据记录表

$$U_1 = U_N = 36 \text{ V}$$

U_2/V	1	2	3	4	5	6
I_2/A						

8.2.5 注意事项

① 在变压器实验中,应注意电压表、电流表、功率表的合理布置。
② 短路实验操作要快,否则线圈发热会引起电阻变化。

8.2.6 实验报告要求

① 写明实验目的。
② 写明实验仪器的名称和型号。
③ 写明实验内容和步骤。
④ 数据处理。

8.3 三相电路电压与电流

 预习内容

(1) 三相负载根据什么原则作星形或三角形连接? 本实验为什么将三相电源线电压

设定为 220 V？

（2）三相负载按星形或三角形连接，它们的线电压与相电压、线电流与相电流有何关系？当三相负载对称时它们之间又有何关系？

（3）说明在三相四线制供电系统中中线的作用，中线上能安装保险丝吗？为什么？

8.3.1 实验目的

（1）练习三相负载的星形连接和三角形连接。

（2）了解三相电路线电压与相电压、线电流与相电流之间的关系。

（3）了解三相四线制供电系统中中线的作用。

（4）观察线路故障时的情况。

8.3.2 实验器材

三相电路电压与电流实验器材如表 8.3.1 所示。

表 8.3.1 三相电路电压与电流实验器材

器材名称	型号与规格	数量	备注
现代电工技术教学实验平台			
三相交流电源		1	
交流电流表		1	
交流电流表		1	
三相灯泡负载组件		1	

8.3.3 实验原理

电源用三相四线制向负载供电，三相负载可接成星形（又称 Y 形）或三角形（又称 △形）。

当三相对称负载作 Y 形连接时，线电压 U_L 是相电压 U_P 的 $\sqrt{3}$ 倍，线电流 I_L 等于相电流 I_P，即 $U_L = \sqrt{3}U_P$，$I_L = I_P$，流过中线的电流 $I_N = 0$；作 △形连接时，线电压 U_L 等于相电压 U_P，线电流 I_L 是相电流 I_P 的 $\sqrt{3}$ 倍，即 $I_L = \sqrt{3}I_P$，$U_L = U_P$。

不对称三相负载作 Y 形连接时，必须采用负载星形连接（即 Y_0 连接法），中线必须牢固连接，以保证三相不对称负载的每相电压等于电源的相电压（三相对称电压）。若中线断开，会导致三相负载电压的不对称，致使负载轻的那一相的相电压过高，导致负载损坏；负载重的一相相电压又过低，使负载不能正常工作；对于不对称负载作 △连接时，$I_L \neq \sqrt{3}I_P$，但只要电源的线电压 U_L 对称，加在三相负载上的电压仍是对称的，对各相负载工作没有影响。

本实验中,用三相调压器调压输出作为三相交流电源,用三组白炽灯作为三相负载,线电流、相电流、中线电流用电流插头和插座测量。。

8.3.4 实验内容

8.3.4.1 三相负载星形连接(三相四线制供电)

三相负载星形连接实验电路如图 8.3.1 所示。将白炽灯连接成星形接法。用三相调压器调压输出作为三相交流电源,具体操作如下:将三相调压器的旋钮置于三相电压输出为 0 V 的位置(即逆时针旋到底的位置),然后旋转旋钮,调节调压器的输出,使输出的三相线电压为 220 V。测量线电压和相电压,并记录数据。

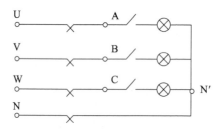

图 8.3.1 三相负载星形连接实验电路

① 在有中线的情况下,分别测量三相负载对称和不对称时的各相电流、中线电流和各相电压,数据记入表 8.3.2 中,并记录各灯的亮度。

② 在无中线的情况下,分别测量三相负载对称和不对称时的各相电流、各相电压和电源中点 N 到负载中点 N′ 的电压 $U_{NN'}$,数据记入表 8.3.2 中,并记录各灯的亮度。

表 8.3.2 负载星形连接实验数据

中线连接	每相灯数			负载相电压/V			电流/A				$U_{NN'}$/V	亮度比较
	A	B	C	U_A	U_B	U_C	I_A	I_B	I_C	I_N		
有	1	1	1									
		1	2	1								
		1	断开	2								
无	1	断开	2									
		1	2	1								
		1	1	1								
		1	短路	3								

8.3.4.2 三相负载三角形连接

将白炽灯连接成三角形接法。调节三相调压器的输出电压,使输出的三相线电压为

220 V。测量三相负载对称和不对称时的各相电流、线电流和各相电压,数据记入表 8.3.3 中,并记录各灯的亮度。

表 8.3.3　负载三角形连接实验数据

每相灯数			相电压/V			线电流/A			相电流/A			亮度比较
A－B	B－C	C－A	U_{AB}	U_{BC}	U_{CA}	I_A	I_B	I_C	I_{AB}	I_{BC}	I_{CA}	
1	1	1										
1	2	1										

8.3.5　注意事项

(1) 每次接线完毕,同组同学应自查一遍,然后经指导教师检查后,方可接通电源,必须严格遵守先接线,后通电先断电,后断线的实验操作原则。

(2) 做星形负载短路实验时,必须先断开中线,以免发生短路事故。

(3) 测量、记录各电压、电流时,注意分清它们是哪一相、哪一线,防止记错。

8.3.6　实验报告要求

(1) 写明实验目的。

(2) 写明实验仪器的名称和型号。

(3) 写明实验内容和步骤。

(4) 数据处理:

① 根据实验数据,在负载星形连接时,$U_L = \sqrt{3} U_P$ 在什么条件下成立? 在负载三角形连接时,$I_L = \sqrt{3} I_P$ 在什么条件下成立?

② 通过实验数据和观察到的现象,总结三相四线制供电系统中中线的作用。

③ 不对称三角形连接的负载,能否正常工作? 实验是否能证明这一点? 根据不对称负载三角形连接时的实验数据,画出各相电压、相电流和线电流的相量图,并证实实验数据的正确性。

(5) 实验总结。

8.4　三相电路功率

预习内容

(1) 二瓦特表法测量三相电路有功功率的原理。

(2) 测量功率时,为什么在线路中通常都接有电流表和电压表?

8.4.1 实验目的

(1) 学会用功率表测量三相电路功率的方法。
(2) 掌握功率表的接线和使用方法。

8.4.2 实验器材

三相电路功率实验器材如表 8.4.1 所示。

表 8.4.1 三相电路功率实验器材

器材名称	型号与规格	数量	备注
现代电工技术教学实验平台		1	
三相交流电源		1	
交流电压表		1	
交流电流表		1	
交流功率表		1	
交流功率因数表		1	
三相交流灯泡负载组件		1	

8.4.3 实验原理

8.4.3.1 三相四线制供电,负载星形连接(即 Y_0 接法)

对于三相不对称负载,用 3 个单相功率表测量,测量电路如图 8.4.1 所示,3 个单相功率表的读数为 W_1、W_2、W_3,则三相功率 $P = W_1 + W_2 + W_3$,这种测量方法称为三瓦特表法;对于三相对称负载,用一个单相功率表测量即可,如图 8.4.2 所示,若功率表的读数为 W,则三相功率 $P = 3W$,称为一瓦特表法。

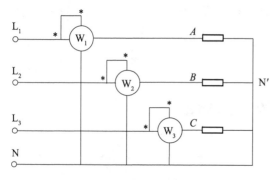

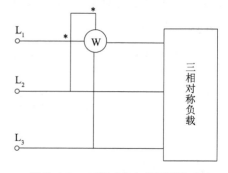

图 8.4.1 三相不对称负载测量电路   图 8.4.2 三相对称负载测量电路

8.4.3.2 三相三线制供电

三相三线制供电系统中,不论三相负载是否对称,也不论负载是 Y 形连接还是 △ 形连接,都可用二瓦特表法测量三相负载的有功功率,测量电路如图 8.4.3 所示。

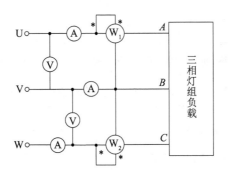

图 8.4.3　测量电路

若两个功率表的读数为 W_1、W_2,则三相功率

$$P = W_1 + W_2 = U_L I_L \cos(30° - \varphi) + U_L I_L \cos(30° + \varphi)$$

式中,φ 为负载的阻抗角(即功率因数角)。两个功率表的读数与 φ 有下列关系:

① 当负载为纯电阻时,$\varphi = 0$,$W_1 = W_2$,即两个功率表读数相等;

② 当负载功率因数 $\cos \varphi = 0.5$,$\varphi = \pm 60°$,有一个功率表的读数为 0;

③ 当负载功率因数 $\cos \varphi < 0.5$,$|\varphi| > 60°$,则有一个功率表的读数为负值,该功率表指针将反方向偏转,这时应将功率表电流线圈的两个端子调换(不能调换电压线圈端子),而读数应记为负值。对于数字式功率表将出现负读数。

8.4.4　实验内容

8.4.4.1　三相灯泡负载连接方式一

三相灯泡负载的连接方式一如图 8.4.4 所示。

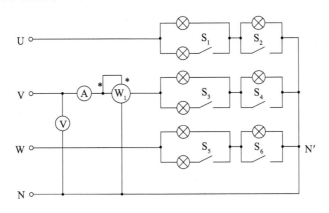

图 8.4.4　三相灯泡负载连接方式一

(1)三相四线制供电,测量三相负载功率

① 用一瓦特表法测定三相对称负载三相功率,实验电路如图 8.4.4 所示,线路中的电流表和电压表用以监视三相电流和电压不要超过功率表电压和电流的量程。经指导教

师检查后,接通三相电源开关,将调压器的输出由 0 调到 380 V(线电压),按表 8.4.2 的要求进行测量及计算,将数据记入表中。

② 用三瓦特表法测定三相不对称负载三相功率,本实验用一个功率表分别测量每相功率。实验电路如图 8.4.4 所示,步骤与①相同,将数据记入表 8.4.2 中。

表 8.4.2 三相四线制负载星形连接测量数据

负载情况	开关情况	测量数据			计算值
		P_A/W	P_B/W	P_C/W	P/W
Y_o 接对称负载	$S_1 \sim S_6$ 闭合				
Y_o 接不对称负载	S_1、S_2、S_4、S_5、S_6 闭合,S_3 断开				

(2)三相三线制供电,测量三相负载功率

① 用二瓦特表法测量三相负载 Y 形连接的三相功率,实验电路如图 8.4.3 所示。图中"三相灯组负载"同图 8.4.4,经指导教师检查后,接通三相电源,调节三相调压器的输出,使线电压为 220 V,按表 8.4.3 的内容进行测量及计算,并将数据记入表中。

② 将三相灯组负载改成△形接法,重复①的测量步骤,数据记入表 8.4.3 中。

表 8.4.3 三相三线制三相负载功率测量数据

负载情况	开关情况	测量数据		计算值
		P_A/W	P_B/W	P/W
Y 形接对称负载	$S_1 \sim S_6$ 闭合			
Y 形接不对称负载	S_1、S_2、S_4、S_5、S_6 闭合,S_3 断开			
△形接不对称负载	$S_1 \sim S_6$ 闭合			
△形接对称负载	S_1、S_2、S_4、S_5、S_6 闭合,S_3 断开			

8.4.4.2 三相灯泡负载连接方式二

三相灯泡负载的连接方式二如图 8.4.5 所示。

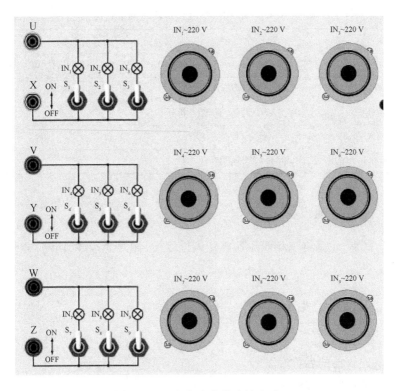

图 8.4.5 三相灯泡负载连接方式二

（1）三相四线制供电,测量三相负载功率

连接方式二的实验方法和连接方式一的相同,但在灯泡的连接数量上有所区别,方式二是 3 个灯泡并联连接,所以闭合相同数量的灯泡则表示三相负载对称,闭合不同数量的灯泡表示负载不对称。数据记录于表 8.4.4 中。

表 8.4.4 三相四线制负载星形连接测量数据

负载情况	开关情况	测 量 数 据			计算值
		P_A/W	P_B/W	P_C/W	P/W
Y 形接对称负载	S_1、S_4、S_7 闭合,其他断开				
Y 形接不对称负载	S_1、S_2、S_3、S_4、S_5、S_7 闭合,其他的断开				

（2）三相三线制供电,测量三相负载功率

三相三线制供电,三相负载功率测量数据记录于表 8.4.5 中。

表 8.4.5　三相三线制负载功率测量数据

负载情况	开关情况	测量数据		计算值
		P_A/W	P_B/W	P/W
Y 形接对称负载	S_1、S_4、S_7 闭合,其他断开			
Y 形接不对称负载	S_1、S_2、S_4、S_5、S_7 闭合,其他的断开			
△形接不对称负载	S_1、S_2、S_4、S_7 闭合,其他的断开			
△形接对称负载	S_1、S_4、S_7 闭合,其他的断开			

8.4.5　注意事项

每次实验完毕,均需将三相调压器旋钮调回零位,如改变接线,均需再断开三相电源,以确保人身安全。

8.4.6　实验报告要求

① 写明实验目的。
② 写明实验仪器的名称和型号。
③ 写明实验内容和步骤。
④ 进行数据处理与分析,并进行实验总结。

8.5　功率因数及其相序

 预习内容

(1) 在图 8.5.1 所示电路中,已知电源线电压为 220 V,试计算电容器和白炽灯的电压。

(2) 什么是负载的功率因数? 它的大小和性质由什么决定?

(3) 测量负载功率因数的方法有几种? 如何测量?

8.5.1　实验目的

(1) 掌握三相交流电路相序的测量方法。
(2) 熟悉功率因数表的使用方法,了解负载性质对功率因数的影响。

8.5.2　实验器材

功率因数表及其相序实验仪器如表 8.5.1 所示。

表 8.5.1　功率因数表及其相序实验仪器

器材名称	型号与规格	数量	备注
现代电工技术教学实验平台		1	
三相交流电源		1	
交流电压表		1	
交流电流表		1	
交流功率表		1	
交流功率因数表		1	
三相交流灯泡负载组件		1	

8.5.3　实验原理

8.5.3.1　相序指示器

相序指示器如图 8.5.1 所示,它是由一个电容器和两个白炽灯按星形连接的电路,用来指示三相电源的相序。

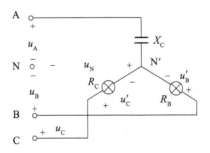

图 8.5.1　相序指示器

在图 8.5.1 电路中,设 $\dot{U}_A$、$\dot{U}_B$、$\dot{U}_C$ 为三相对称电源相电压,中点电压为

$$\dot{U}_N = \frac{\dfrac{\dot{U}_A}{-jX_C} + \dfrac{\dot{U}_B}{R_B} + \dfrac{\dot{U}_C}{R_C}}{\dfrac{1}{-jX_C} + \dfrac{1}{R_B} + \dfrac{1}{R_C}}$$

设 $X_C = R_B = R_C$,$\dot{U}_A = U_P \underline{/0°} = U_P$ 代入上式得

$$\dot{U}_N = (-0.2 + j0.6)U_P$$

则

$$\dot{U}'_B = \dot{U}_B - \dot{U}_N = (-0.3 - j1.466)U_P, U'_B = 1.49U_P$$

$$\dot{U}'_C = \dot{U}_C - \dot{U}_N = (-0.3 - j1.466)U_P, U'_C = 0.4U_P$$

可见,$U_\mathrm{B}' > U_\mathrm{C}'$,B 相的白炽灯比 C 相的亮。

综上所述,用相序指示器指示三相电源相序的方法如下:如果连接电容器的一相是 A 相,那么白炽灯较亮的一相是 B 相,较暗的一相是 C 相。

8.5.3.2 负载的功率因数

负载的功率因数测试电路如图 8.5.2 所示。

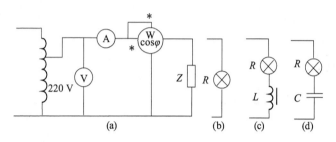

图 8.5.2 负载功率因素测试电路

在图 8.5.2 a 电路中,负载的有功功率

$$P = UI \cos \varphi$$

式中,$\cos \varphi$ 为功率因数,功率因数角为

$$\varphi = \arctan \frac{X_\mathrm{L} - X_\mathrm{C}}{R}$$

且

$$-90° \leqslant \varphi \leqslant 90°$$

当 $X_\mathrm{L} > X_\mathrm{C}$,$\varphi > 0$,$\cos \varphi > 0$ 时,称感性负载;

当 $X_\mathrm{L} < X_\mathrm{C}$,$\varphi < 0$,$\cos \varphi > 0$ 时,称容性负载;

当 $X_\mathrm{L} = X_\mathrm{C}$,$\varphi = 0$,$\cos \varphi = 1$ 时,称电阻性负载。

可见,功率因数的大小和性质由负载参数的大小和性质决定。

8.5.4 实验内容

8.5.4.1 测定三相电源的相序

① 按图 8.5.1 接线,图中,$C = 2.5\ \mu\mathrm{F}$,R_B、R_C 为额定电压 220 V、额定功率 25 W 的白炽灯,调节三相调压器,输出线电压为 220 V 的三相交流电压,测量电容器、白炽灯和中点电压(U_N),观察灯光的明亮状态,做好记录。设电容器一相为 A 相,试判断 B、C 相。

② 将电源线任意调换两相后,再接入电路,重复步骤① ,并指出三相电源的相序。

8.5.4.2 负载功率因数的测定

按图 8.5.2 a 接线,阻抗 Z 分别用电阻(220 V、25 W 白炽灯)、感性负载(220 V、25 W 白炽灯和镇流器串联)和容性负载(220 V、25 W 白炽灯和 4.7 μF 电容串联)代替,如图 8.5.2 b、c、d 所示,测量数据记入表 8.5.2 中。

表 8.5.2 负载功率因数测量数据

负载情况	U/V	I/A	P/W	$\cos\varphi$	负载性质
电阻					
感性负载					
容性负载					

8.5.5 注意事项

① 每次改接线路都必须先断开电源。

② 功率表和功率因数表实验板内部已连在一起,实验中只连接功率表即可。

8.5.6 实验报告要求

① 写明实验目的。

② 写明实验仪器的名称和型号。

③ 写明实验内容和步骤。

④ 数据处理。

⑤ 分析总结影响功率因素的因素。

8.6 三相异步电动机的直接启动控制

 预习内容

(1) 了解三相鼠笼式异步电动机的结构与工作原理。

(2) 了解三相鼠笼式异步电动机直接启动控制线路的工作原理与接线方法。

(3) 了解继电器的结构与功能。

8.6.1 实验目的

(1) 熟悉三相鼠笼式异步电机直接启动控制线路中各电器元件的使用方法及其在线路中所起的作用。

(2) 掌握三相鼠笼式异步电动机直接启动控制线路的工作原理、接线方法、调试及故障排除技能。

8.6.2　实验器材

三相异步电动机直接启动控制实验器材如表8.6.1所示。

表 8.6.1　三相异步电动机直接启动控制实验器材

器材名称	型号与规格	数量	备注
现代电工技术教学实验平台			
三相可调交流电源		1	
继电器		1	
按钮组件		1	
M14B 型异步电动机		1	

8.6.3　实验原理

三相笼式异步电动机结构简单、性价比高、维修方便。在工农业生产中,经常采用继电器接触控制系统对中小功率笼式异步电动机进行直接启动,其控制线路大部分由继电器、接触器、按钮等有触头电器组成。

图8.6.1是三相鼠笼异步电动机直接启动控制示意图。

启动时,合上空气开关 QF,引入三相电源。按下启动按钮 SB_2,交流接触器 KM_1 线圈通电,主触头 KM_1 闭合,电动机接通电源直接启动。要使电机停止运转,按下开关 SB_1 即可。

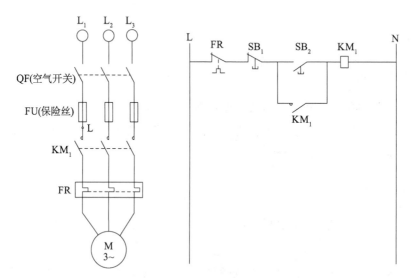

图 8.6.1　三相鼠笼异步电动机直接启动控制示意图

8.6.4　实验内容

(1)检查各实验仪器外观及质量是否良好。

（2）按图 8.6.1 进行正确接线,先接主回路,再接控制回路。自查无误并经指导教师检查认可方可合闸实验。

（3）进行"启–停"操作。

① 将热继电器值调到 1.0 A。

② 合上漏电断路器及空气开关 QF,引入三相电源。

③ 按下按钮 SB$_2$,观察电动机及各接触器的工作情况。

④ 按下停止按钮 SB$_1$,断开电机控制电源。

⑤ 断开空气开关 QF,切断三相主电源。

⑥ 断开漏电保护断路器,关断总电源。

8.6.5　实验报告要求

① 写明实验目的。

② 写明实验仪器的名称和型号。

③ 写明实验内容和步骤。

④ 写出实验过程中出现的现象。

8.7　三相异步电动机正反转控制线路

 预习内容

（1）在图 8.7.1 中,接触器和按钮是如何实现双重互锁的?

（2）双重互锁相对单重互锁的好处是什么?

（3）为什么要实现双重互锁? 其意义何在?

（4）在上述实验中,电动机在转换的过程中会出现什么现象? 该现象在正—停—反过程中有什么区别? 分析其原因。

8.7.1　实验目的

（1）掌握三相鼠笼式异步电动机正反转的工作原理、接线方式及操作方法。

（2）掌握机械和电气互锁的连接方法及其在控制线路中所起的作用。

（3）掌握按钮和接触器双重互锁控制的三相异步电动机正反转的控制线路。

8.7.2　实验仪器

三相异步电动机正反转控制实验器材如表 8.7.1 所示。

表 8.7.1   三相异步电动机正反转控制实验器材

器材名称	型号与规格	数量	备注
现代电工技术教学实验平台			
三相可调交流电源		1	
继电器组件		1	
按钮组件		1	
M14B 型异步电动机		1	

8.7.3   实验原理

生产过程中,生产机械的运动部件往往要求能进行正反方向的运动,这就要求拖动电机能做正反向旋转。由电动机原理可知,将接至电动机的三相电源进线中的任意两相对调,即可改变电动机的旋转方向。但为了避免误动作引起电源相间短路,往往在这两个相反方向的单相运行线路中加设必要的机械及电气互锁。按照电机正反转操作顺序的不同,分别有"正—停—反"和"正—反—停"两种控制线路。对于"正—停—反"控制线路,要实现电机由"正转—反转"或由反转—正转的控制,都必须按下停止按钮,再进行方向启动。然而,对于生产过程中要求频繁地实现正反转的电机,为提高生产效率,减少辅助工时,往往要求能直接实现电机正反转控制。

图 8.7.1 是接触器和按钮双重联锁的三相异步电动机正反转控制线路。

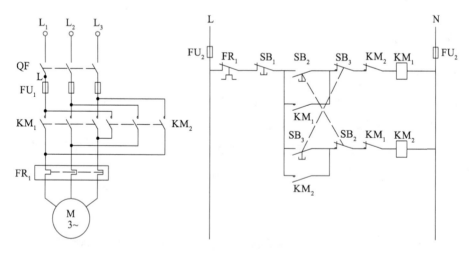

注:图中 QF 及 FU₁、FU₂ 指实验台上的空气开关及保险丝。

图 8.7.1   接触器和按钮双重联锁的三相异步电动机正反转控制线路

启动时,合上漏电断路器及空气开关 QF,引入三相电源。按下启动按钮 SB₂,接触器 KM₁ 的线圈通电,主触头 KM₁ 闭合且线圈 KM₁ 通过与开关 SB₂ 常开触点并联的辅助常开触点实现自锁,同时通过按钮和接触器形成双重互锁,电动机正转运行。当按下按钮开关 SB_3 时,接触器 KM_2 的线圈通电,其主触头 KM_2 闭合且线圈 KM_2 通过与开关 SB_3 的常开触点并联的辅助常开触点 KM_2 实现自锁,同时与接触器 KM_1 互锁的常闭触点都断开,使接触器 KM_1 断电释放,电动机反转运行。要使电动机停止运行,按下开关 SB_1 即可。

8.7.4　实验内容

（1）检查各实验仪器外观及质量是否良好。

（2）按图 8.7.1 进行正确接线,先接主回路,再接控制回路。自查无误并经指导教师检查认可方可合闸实验。

（3）进行"正—反—停"操作。

① 将继电器值调到 1.0 A。

② 合上漏电断路器及空气开关 QF,引入三相电源。

③ 按下按钮 SB_2,观察电动机及各接触器的工作情况。

④ 按下按钮 SB_3,观察电动机的工作情况。

⑤ 按下停止按钮 SB_1,断开电机控制电源。

⑥ 断开空气开关 QF,切断三相主电源。

⑦ 断开漏电保护断路器,断开总电源。

8.7.5　实验报告要求

① 写明实验目的。

② 写明实验仪器的名称和型号。

③ 写明实验内容和步骤。

④ 写出实验过程中出现的现象。

8.8　三相鼠笼式异步电动机降压启动控制线路

 预习内容

（1）分析图 8.8.1 中电动机是如何实现星形 – 三角形转换的。

（2）图 8.8.1 中,如果时间继电器的延时闭合常开触头与延时断开常闭触头接错(互换),线路工作状态将会怎样?

（3）若在实验中发生故障,分析故障原因。

8.8.1 实验目的

（1）了解时间继电器的结构，掌握其工作原理及使用方法。
（2）掌握 Y－△ 启动的工作原理。
（3）熟悉实验线路的故障分析及排除故障的方法。

8.8.2 实验仪器

三相鼠笼异步电动机降压启动控制实验器材如表 8.8.1 所示。

表 8.8.1　三相鼠笼式异步电动机降压启动控制实验器材

器材名称	型号与规格	数量	备注
现代电工技术教学实验平台			
三相可调交流电源		1	
继电器组件		1	
电机		1	
M14B 型异步电动机		1	

8.8.3 实验原理

电动机正常运行时定子绕组接成三角形，而电动机启动时星形接法启动电流小，故采用 Y－△ 减压启动方法来限制启动电流。

启动时，定子绕组首先接成星形，待转速上升到接近额定转速时，将定子绕组的接线由星形接成三角形，电动机便进入全压正常运行状态。因功率在 4 kW 以上的三相笼型异步电动机均为三角形接法，故都可以采用 Y－△ 启动方法。

图 8.8.1 是三相异步电动机 Y－△ 启动自动控制线路。图中的 QF 及 FU_1、FU_2 指的是实验台上的空气开关及保险丝。

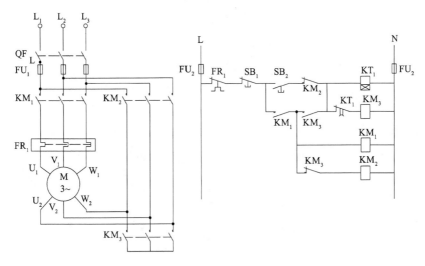

图 8.8.1　三相异步电动机 Y – △ 启动自动控制线路

启动时,合上漏电保护断路器和空气开关 QF,引入三相电源。按下启动按钮 SB$_2$,接触器 KM$_1$ 线圈得电,主触头闭合,且线圈 KM$_1$ 通过与开关 SB$_2$ 并联的辅助常开触点 KM$_1$ 形成自锁,同时接触器 KM$_3$ 和时间继电器 KT$_1$ 都通电,接触器 KM$_3$ 主触点闭合,电动机 Y 形启动。当经过时间继电器设定的一段整定时间以后,时间继电器延时断开常闭触点 KT$_1$ 断开,接触器 KM$_3$ 断电释放,其辅助常闭触点 KM$_3$ 闭合,同时时间继电器延时断开常闭触点 KT$_1$ 断开,接触器 KM$_2$ 线圈得电,其主触点 KM$_2$ 闭合并自锁且与时间继电器线圈 KT 相连的辅助常闭触点 KM$_2$ 断开,接触器 KM$_3$ 和时间继电器 KT$_1$ 线圈断电释放,电动机转为 △ 形运转。如需电动机停止运转,直接按一下按钮 SB$_1$ 即可。

8.8.4　实验内容

(1) 检查各实验仪器外观及质量是否良好。

(2) 按图 8.8.1 三相异步电动机 Y – △ 降压启动自动控制线路进行正确接线,先接主回路,再接控制回路。自查无误并经指导教师检查认可方可合闸实验。

 注　意

电机运行时间不宜过长。

(3) 启动操作。

① 调节时间继电器的延时按钮,使延时时间为 3 s。

② 将继电器值调到 1.0 A。

③ 合上漏电保护断路器和空气开关 QF,引入三相电源。

④ 按下启动按钮 SB$_2$,观察接触器、时间继电器及电动机的工作情况。

⑤ 按下停止按钮 SB₁,断开电机控制电源。

⑥ 断开空气开关 QF,切断三相主电源。

⑦ 断开漏电保护断路器,关断总电源。

8.8.5 实验报告要求

① 写明实验目的。

② 写明实验仪器的名称和型号。

③ 写明实验内容和步骤。

④ 写出实验过程中出现的现象。

参考文献

[1] 郭业才,黄友锐.模拟电子技术[M].2版.北京:清华大学出版社,2018.

[2] 周润景,崔婧.Multisim 电路系统设计与仿真教程[M].北京:机械工业出版社,2018.

[3] 魏鉴,朱卫霞.电路与电子技术实验教程[M].武汉:武汉大学出版社,2018.

[4] 吴扬.电子技术课程设计[M].合肥:安徽大学出版社,2018.

[5] 刘建成,冒晓莉.电子技术实验与设计教程[M].2版.北京:电子工业出版社,2016.

[6] 吕波,王敏.Multisim14 电路设计与仿真[M].北京:机械工业出版社,2016.

[7] 唐明良,张红梅,周冬芹.模拟电子技术仿真实验与课程设计[M].重庆:重庆大学出版社,2016.

[8] 高玉良.电路与电子技术实验教程[M].北京:中国电力出版社,2016.

[9] 吴晓新,堵俊.电路与电子技术实验教程[M].2版.北京:电子工业出版社,2016.

[10] 唐明良,张红梅.数字电子技术实验与仿真[M].重庆:重庆大学出版社,2014.

[11] 赵春华,张学军.Multisim9 电子技术基础仿真实验[M].北京:机械工业出版社,2012.

[12] 付扬.电路与电子技术实验教程[M].北京:机械工业出版社,2010.

[13] 刘丽君,王晓燕.电子技术基础实验教程[M].南京:东南大学出版社,2010.

[14] 卓郑安.电路与电子技术实验教程[M].上海:上海科学技术出版社,2008.

[15] 堵俊.电路与电子技术实验教程[M].北京:电子工业出版社,2009.